你好，太空

天宫筑梦

主编◎庞之浩　文/图◎王　燕

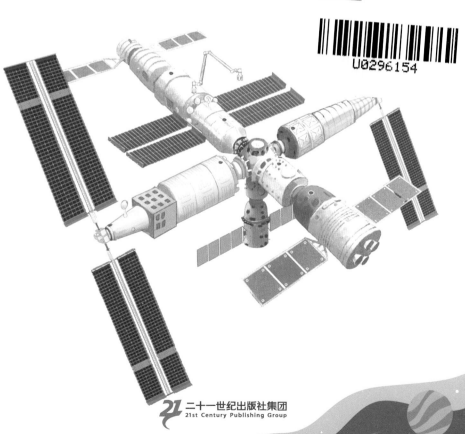

二十一世纪出版社集团
21st Century Publishing Group

图书在版编目（CIP）数据

天宫筑梦 / 庞之浩主编；王燕文、图 . -- 南昌：
二十一世纪出版社集团，2022.6
（你好，太空）
ISBN 978-7-5568-6515-4

Ⅰ . ①天… Ⅱ . ①庞… ②王… Ⅲ . ①航天站 – 中国
– 儿童读物 Ⅳ . ① V476.1-49

中国版本图书馆 CIP 数据核字 (2022) 第 058879 号

你好，太空　**天宫筑梦**
NIHAO TAIKONG　TIANGONG ZHU MENG　　　　　主编◎庞之浩　文 / 图◎王　燕

出 版 人	刘凯军	
选题策划	方　敏	
责任编辑	方　敏　江　萌	
美术编辑	尤项辉	
出版发行	二十一世纪出版社集团	
	（江西省南昌市子安路 75 号　330025）	
网　　址	www.21cccc.com	
经　　销	全国新华书店	
印　　刷	南昌市印刷十二厂有限公司	
版　　次	2022 年 6 月第 1 版	
印　　次	2022 年 6 月第 1 次印刷	
开　　本	720 mm×960 mm　　1/16	
印　　数	1~25 000 册	
印　　张	9	
字　　数	100 千字	
书　　号	ISBN 978-7-5568-6515-4	
定　　价	25.00 元	

主编的话

我们很幸运，生活在一个科幻逐渐成为现实的时代。未来已来，它不断丰富我们的生活，拓宽我们的视野。宇宙浩瀚无边，陌生而遥远，从太阳系中各个行星的发现到人造卫星的发射，再到月球漫步、火星登陆，人类一直在不停地探索未知，这些科学探索都离不开航天科技。航天科技是一项综合性很强的高新科技，也是世界上最昂贵的科学技术，它代表着一个国家的科研水平和经济实力。

这几年，中国航天精彩不断：天宫圆梦、嫦娥揽月、北斗组网、天问奔火……每个中国人都为之骄傲，倍感振奋。在从航天大国迈向航天强国的道路上，中国航天人一步一个坚实的脚印，将科幻化作现实。

中国空间站开设的天宫课堂，将教室搬上太空，可敬可爱的航天员们担任"太空教师"，让航天全面走进中国孩子的生活，点燃孩子们的航天梦。学习和了解航天知识，成为所有家长都在关注、所有孩子都渴望做的事情。这套"你好，太空"系列丛书是献给孩子们的原创航天科普图书，第一辑共四册，分别是：《天宫筑梦》《祝融探火》《嫦娥奔月》《北斗导航》。丛书聚焦我国令人惊叹的航天成就，介绍了中国建造空间站、探测火星和月球、研发北斗导航卫星的过程及成果，并将太空环境、火箭、飞船、探测器和航天史等知识融会贯通，让孩子们沉浸式体验太空的神奇美妙、航天的尖端科技。孩子们在享受阅读的同时，还可以开阔视野，激发科学兴趣，了解中国航天创举，见证中国航天大事件，增强民族自豪感。

《天宫筑梦》前几篇阐述了空间站的历史，从苏联的礼炮系列单体空间站到在太空运行十五年的和平号空间站，从美国的天空实验室到国际空间站。最重要的是，本书详细讲述了中国载人航天的艰难之路和天宫空间站的建设过程，从神舟五号飞船搭载我国首飞航天员杨利伟一飞冲天到翟志刚首次太空行走；从神舟八号和天宫一号的"太空之吻"到天和核心舱发射上天，中国开启空间站时代。本书用细腻的画笔为孩子们呈现了空间站的内部结构和一幕幕生动有趣的航天员太空生活场景，为孩子们打开探索空间站的一扇窗。

　　关于空间站，你是不是有很多问题想问？比如：为什么要建空间站？空间站那么大，是如何建造的？空间站为什么不会掉下来？第一个空间站长什么样子？在空间站，航天员是怎么呼吸、吃饭、睡觉、上厕所的？……在本书中，你能找到所有问题的答案。

　　回顾过去，提出过载人航天计划的国家不少，但几十年来，真正能够实现独立将人类送入太空的国家只有三个：俄罗斯、美国和中国。中国载人航天工程是中国历史上参与规模最大、系统组成最复杂、技术难度最高、协调面最广的重大工程。如果说，载人航天是塔尖上的事业，那自主创新就是支撑中国航天人勇敢攀登的天梯。我国的载人航天事业从无人到有人，从单人单天到多人多天，从舱内活动到太空行走，从单船飞行到天宫空间站腾飞，走得踏踏实实、稳稳当当。一次次精彩的背后，折射出无数航天人迎难而上的豪迈和对建设航天强国的款款深情！

　　　　　　　　　　　　　　　　　　　　戚发轫

　　　　　　　　　　　　　　　　　　　2022 年 5 月

人物介绍

爸爸

科普作家。双眼闪烁着智慧和机敏的神采，还有几分诙谐和幽默。他博学多才，简直就是"移动的百科全书"。

妈妈

图书插画师。说话很温柔，脸上总是挂着微笑，对孩子们的要求总是尽量去满足。

甜甜

五年级的女生。典型的学霸，对航天史如数家珍，尤其对载人航天着迷，梦想是成为一名航天员。

小航

三年级的男生。小小航天迷，好奇心很强，对天上发生的一切事情都很感兴趣。

目　　录

为什么要上天盖房子呢

"倒计时。10，9，8，7，6，5，4，3，2，1，点火！"小航和姐姐甜甜站在电视机前，跟着电视里的声音一起喊着倒计时，欢乐的气息充满整个客厅。

轰！伴着一声巨响，长征五号B遥二运载火箭托举着中国第一座空间站的天和核心舱拔地而起。

"太棒了！太棒了！核心舱发射升空了！"姐弟俩都激动得跳起来。

2021年4月29日11时23分，中国天宫空间站的天和核心舱在我国文昌航天发射场发射升空，准确进入预定轨道，任务取得圆满成功。

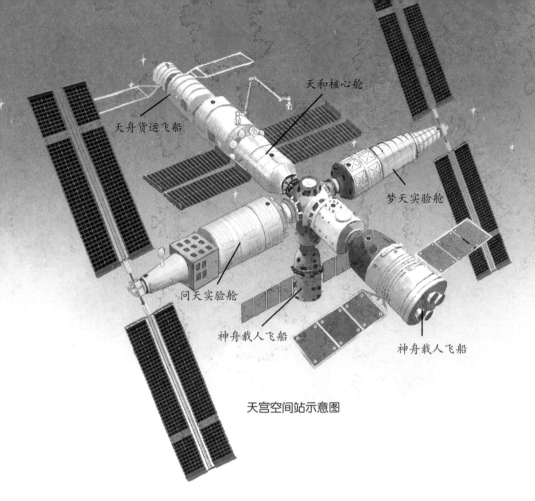

天舟货运飞船

天和核心舱

梦天实验舱

问天实验舱

神舟载人飞船

神舟载人飞船

天宫空间站示意图

    "小航，今天是个值得纪念的日子，核心舱成功发射，这代表着中国空间站的建造全面开启了，以后我们的航天员在太空就有家了。"爸爸兴奋地说。

    "爸爸，空间站是什么呀？"看着电视中激动人心的画面，虽然8岁的小航也很激动，但他对空间站的概念还不太理解。

    "空间站就是在太空中建的房子呀。"正在读小学五年级的甜甜是个小学霸，她总能用最形象的比喻为弟弟解答复杂的问题。

    "甜甜说得对。空间站是目前人类在太空建的最大的房子。小航，你一定看过孙悟空大闹天宫的故事吧？孙悟空神通广大，把天宫闹得一团糟。在中国古代神话传说中，天宫是玉皇大帝居住的宫殿。现在，我们的空间站名字也叫'天宫'，这个名字很有中国特色，也包含希望航天员们在太空中生活的地方能像宫殿一样舒适的意思。"爸爸说。

"为什么要在太空盖房子呢？"小航接着问。

"这个太空房子的作用可大了。空间站是一种在近地轨道长时间运行，可供多名航天员巡访、长期工作和生活的载人航天器，也是大型的太空实验室。和宇宙飞船相比，空间站的特点是体积更大、功能更多、在轨飞行时间更长，可以说是人类在太空建造的空间科技大厦，也是人类向原本无法长期生存的太空空间发起的挑战。

"空间站最主要的作用是积累大型航天器的建设经验和人类长时间太空生活的经验，为将来走向深空做准备。有了这个大房子，航天员就能在太空长时间驻留，在失重的环境里开展很多不同于地面的实验和探索。"爸爸是个少儿科普作家，就像一本"移动的百科全书"。

"爸爸，航天员在空间站里飘来飘去的，看上去可好玩了。我也好想去呀！我们可以去空间站看看吗？"小航一脸向往。

"可以呀。随着科技的进步，爸爸相信以后我们上太空会像坐飞机一样简单。"爸爸充满期待地说。

"一定会的。也许不久的将来，我们也可以去天宫空间站住上几天啦。小航，姐姐先提醒你呀，如果你去了天宫空间站，千万不要像孙悟空一样捣乱，那可是我们中国人经过多年努力才建成的太空家园。"甜甜调皮地说。

三个人都开心地笑了起来。

原来是在太空搭积木呀

"小航，看爸爸给你买什么好玩的了。"爸爸从外面回来，手里拎着个大盒子。

"爸爸，您回来了。我看看。"小航接过盒子，"哎哟，还挺重的呢。是天宫空间站的模型积木！谢谢亲爱的爸爸。"小航一拿到模型，就迫不及待地拆去外包装。

原来，爸爸看小航对空间站充满好奇，为了寓教于乐，让小航对空间站有更加深入的了解，就给他买了一套天宫空间站的模型积木。

听到有新玩具，正在做作业的甜甜也从书房走过来："爸爸，不公平，为什么没有我的？"

"哎哟，爸爸哪儿敢惹我们家大公主不高兴啊？你看，这是什么？当当当！"爸爸边说边拿出一大堆纸板和工具，里面包括各种厚度的卡纸、笔刀、尺子、镊子、白乳胶、马克笔、喷笔等。

"爸爸，这是什么呀？"甜甜好奇地问。

"甜甜，积木对你这个年龄段的孩子来说没什么挑战性。爸爸帮你下载了天宫空间站的纸模文件，还给你买了全套工具，现在你把文件打印出来，就可以做一套空间站的纸模型了。"

"谢谢爸爸！我现在就去打印。"甜甜说。

模型积木确实拼起来比较快，不到一个小时，小航就全部拼好了，一个完整的"空间站"便呈现在大家面前。

"这个太空房子一点儿也不像房子呀，更不像宫殿。"小航说。

"是的，它是由几个柱状体拼起来的。你们看，天宫空间站看上去像不像大写字母'T'？它的主体有三个舱段：一个核心舱，叫'天和'；两个实验舱，分别叫'问天'和'梦天'。核心舱在中间，实验舱在两边。核心舱前端可以和两艘载人飞船对接，后端可以和一

艘货运飞船对接。它身体两侧的这几对大翅膀，你知道是做什么用的吗？"爸爸不会放过任何一个讲解的机会。

"这可不是翅膀，也不是用来飞行的，这是太阳能电池翼，是用来吸收太阳能的，就像我们房顶的太阳能板一样，可以将太阳能转化成电能供空间站使用。"已经投入纸模制作的甜甜，一会儿用剪刀剪，一会儿用裁纸刀裁，忙得不亦乐乎，却还不忘抢答。

"甜甜说得对。还有啊，你们拼装的模型看着精致小巧，但实际上天宫空间站的每一个舱段都有一节地铁车厢那么大。"

"哇，这么大的空间站是怎么送上天的呢？"小航问。

"当然不是一次性运到太空的。现在的火箭还没有那么大的推力，能够一次性把60多吨重的空间站运上天，所以，科学家只能另辟蹊径，

那就是使用你们小孩'拼积木'的方法。"爸爸笑着说。

"啊？我们的天宫空间站也是像模型积木一样拼出来的？太有趣了吧！原来科学家也喜欢拼积木。"小航说。

"是的。工程师们把空间站的各个舱段，用火箭分几次发射到天上，然后像搭积木一样在太空中将它们对接起来，就成了巨大的空间站。

"在拼天宫空间站这个大'积木'时，第一块到位的'积木'就是天和核心舱。之后，他们还会将第二块和第三块'积木'——问天实验舱和梦天实验舱发射到太空，分别与天和核心舱交会对接。这样，天宫空间站的三个主体舱室就可以'拼搭'完成了。"爸爸说。

"真没想到我们小孩子玩的积木还为科学家设计空间站提供灵感了呢，以后我也要开动脑筋，为航天事业贡献好点子。"小航说。

听到小航这么说，爸爸开心地笑了。因为这正是爸爸想要达到的寓教于乐的效果。

看姐姐拼装纸模的进展缓慢，爸爸和小航便一起加入了。爸爸负责裁剪，小航负责用钝器压出折边，姐姐负责粘贴。忙活了两个小时，天宫空间站的纸模终于做好了。

"哇，这个模型好大啊。比我的积木模型大多了。爸爸不公平，我也想要个大模型。"小航看着比他的积木模型大出两倍的纸模，调皮地说。

"小航，这就是纸模的优势了，你可以自由选择做多大的模型，然后按照比例打印出来就行了。在纸模中，巨大的舰船模型比比皆是，很多成品的高度甚至超过了一米，快和你一样高了。"爸爸说。

"爸爸，我还要打印一套更大的，和弟弟一起拼。"甜甜懂事地说。

"想要打印更大的纸模模型，只能去外面的打印店打印喽，咱们家的打印机只能打印出这么大的。"爸爸说。

"没问题！姐姐，我们现在就去外面打印吧。"小航迫不及待地说。

空间站为什么不会掉下来呢

"小航、甜甜，今晚8点天宫空间站将飞临北京上空，我们去天安门广场拍空间站和天安门的同框照吧。"爸爸激动地说。

"太好了！"甜甜说。

"爸爸，空间站不是在很远的高空吗？我们在地面上怎么能看到它呢？"小航疑惑地问。

"空间站离我们并不太远，它会飞过我们的头顶、离地球400千米左右的高空。"甜甜说。

"400千米有多远呢？"小航挠挠头。

"就是从北京到济南的距离，坐高铁的话一个多小时就到了。空间站一般都是在这个高度绕地球飞行。夜晚，当天宫空间站从城市上空经过时，我们就可以看到它。不过，毕竟相距快400千米，我们无法看到它清晰的样子。它看上去就像一颗在跑步的小星星。"甜甜说。

等到达天安门广场时，他们发现这里已经聚集了很多人，大家都拿着"长枪短炮"的摄影机等待着天宫空间站从头顶的天空经过。

"爸爸，空间站的轨道高度为什么要定在400千米呢？"小航还

在琢磨这个问题。

　　"小航，你这个问题问得很好。一方面，如果距离地面更近，空气就更稠密，这样空间站面临的飞行阻力就更大，会导致空间站的飞行速度逐渐降低，空间站的运行轨道高度也会随之降低。为了保持原有的轨道高度，需要消耗的燃料就会更多。另一方面，空间站距离地面太远也不合适，原因有很多，比如，发射火箭时消耗的燃料更多，航天员天地往返成本更高，而且 500 千米以上的高度会受到地球辐射带的影响，对航天员身体不利。所以，400 千米左右的高度是大多数空间站的选择，也能满足太空实验所需要的真空环境和微重力条件。"爸爸说。

"空间站有几十吨重，它这么重，为什么不会掉下来呢？"小航问。

"小航，姐姐来给你解释吧。根据牛顿万有引力定律，物体的质量越大，引力就越大；物体之间的距离越远，引力就越小。通过计算可知，空间站在轨飞行时受到的地心引力只比在地表上弱了 12%，它并不是没有受到地心引力作用。

"地球的引力很大，就像你平时使很大的力气扔出一个球，它最终还是会掉落到地面上。但假设你拥有无穷大的力量，你扔小球的力量越大，小球飞出的距离就会越远。你手中的小球能飞多远取决于初速度。初速度达到 7.9 千米 / 秒，就能脱离地球引力飞出地球，这就是第一宇宙速度。

"由于地球是一个球体，当物体初速度达到第一宇宙速度，而且它的飞行轨迹与地球的弧度一致，它就会绕着地球一直飞行。

"中国空间站飞行速度约为 7.68 千米 / 秒，它一直以这个速度绕着地球做圆周运动，地球引力刚好充当圆周运动的向心力，所以空间站一直在做自由落体运动而不会掉下来砸到花花草草，也不会飞出去，迷失在茫茫的宇宙深渊。同时，空间站在围着地球做圆周运动时会产生离心力。"甜甜解释道。

"离心力是什么？我不明白。"小航说。

"比如，我们去游乐场坐过山车、转转杯时，旋转得越快，我们越觉得有一种快被甩出去的感觉，这其实就是离心力的作用。再比如，生活中，洗衣机脱水时，随着洗衣桶快速旋转，衣服都老老实实地贴在筒壁上，不会掉下来，这也是离心力的作用。但是，如果洗衣机没达到一定的转速，衣服就不会乖乖地贴在筒壁上。所以，空间站需要按照一定的速度绕着地球飞行，产生的离心力和地球的引力大小相等、方向相反，就不会掉下来，也不会飞出去。"甜甜耐心地说。

"噢，原来是这样啊。我明白了。谢谢姐姐。"小航高兴地说。

过山车

洗衣机脱水

转转杯

生活中的离心力现象

"甜甜的物理知识掌握得很扎实嘛。小航，你现在知道学好物理有多重要了吧？"爸爸边说边紧盯着天空，生怕错过空间站从头顶飞过的时刻。

"空间站来了，快看。"人群中一个声音响起。

只见一个闪亮的"星星"从远处快速向天安门方向移动着，爸爸拿起相机，摁下快门，拍下了空间站和天安门城楼同框的珍贵照片。

第一个空间站长什么样子呢

　　采用积木式构型的空间站属于世界上第三代空间站了，最早的空间站可不是这样的，我们一起了解一下空间站的历史吧。

　　"谁能告诉我，空间站是谁先想出来的呢？又是谁先做出来的呢？"正在画画的妈妈笑着问。妈妈是个插画师，出版过很多精美的图画书。

　　"我也正想问这个问题呢。"小航说。

　　"这事儿就得从 1869 年说起了。那年，一位美国作家为《大西洋月刊》撰写了一篇关于'用砖搭建的月球'的文章，空间站这个概念才被大家所熟知。1903 年，被称为'宇宙航行之父'的苏联科学家康斯坦丁提出了建设空间站的设想。概念和想法都有了，实施起来却很难。直到 1971 年 4 月 19 日，苏联礼炮 1 号空间站才顺利进入运行轨道。从此，人类进入空间站时代。"爸爸简明扼要地说。

　　"爸爸，您讲得太简单了，还是我来补充吧。空间站是在当时美苏争霸的大背景下出现的。第二次世界大战以后，苏联与美国这两个超级大国开始在军事上'掰手腕'，比谁的劲儿大，随后开始了太空争霸赛。于是，一场没有硝烟的战争开始了。

"最初，苏联跑赢了这次比赛，率先把人送上了太空，这个人就是进入太空的第一人——加加林。美国不甘落后，不久之后把人送上了月球，这就是著名的'阿波罗计划'，第一个登上月球的是美国人阿姆斯特朗。这下美国人在全世界面前出尽了风头。"甜甜说。

"第二个回合美国跑赢了。"小航接过话说。

"是的。苏联觉得在载人登月上争不过美国了，于是赶紧找了一条新赛道：建设空间站。第一个空间站礼炮1号就是苏联人建成的。所以，亲爱的老妈，我现在可以完整地回答您刚才问的问题了：空间站是美国人先想出来的，是苏联人第一个做出来的。我说得没错吧，亲爱的大作家爸爸？"甜甜风趣地说。

"甜甜讲得太好了，妈妈给你点赞！"妈妈竖起大拇指说，"我正好在画关于空间站历史的插图，我们一起来看看人类第一个空间站礼炮1号长什么样吧。"妈妈拿出自己画好的插图作品。

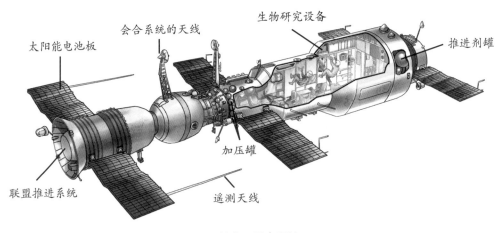

礼炮1号空间站

礼炮 1 号总长约 16 米，质量约 18 吨，最大直径约 4.1 米，可居住空间约 85 立方米，太阳能电池板的翼展约 11 米。它由轨道舱、服务舱和对接舱组成，呈不规则的圆柱形。它在 200 多千米高的轨道上运行，装有各种试验设备、摄影设备和科学实验设备，可谓麻雀虽小五脏俱全。

礼炮 1 号升空 4 天后，苏联发射了联盟 10 号飞船与礼炮 1 号进行对接。但是，由于当时对接技术不够成熟，航天员忙活了 5 个多小时也没有成功。没办法，联盟 10 号飞船只好返回地面。

虽然第一次对接失败了，但苏联人并没有就此打住。在同年 6 月 7 日，他们又将联盟 11 号飞船发射升空。机会是留给有准备的人的，这次对接成功，苏联的航天员成功进入了礼炮 1 号，并在空间站生活

联盟 11 号飞船

礼炮 1 号

了 23 天。在此期间，3 名航天员进行了多项实验，包括对太空星体的观测和拍照，测试植物在微重力环境下的生长状况，还有一些医学实验。

联盟 11 号与礼炮 1 号空间站成功对接后组成的居住舱还算宽敞，有约 100 立方米的空间。但第一代空间站的普遍缺点就是只有一个对接口，只能与一艘飞船对接，不能在轨进行人员换班和食品补给。因为携带的食品、氧气、燃料等储备有限，所以航天员只在空间站驻留了 23 天。不幸的是，在联盟 11 号飞船返回地球的时候，返回舱和轨道舱分离，准备进入大气层阶段，在连接两舱的分离插头分离后，3 名航天员乘坐的返回舱的压力阀门被震开，返回舱内的空气泄漏，舱内迅速减压，3 名未穿舱内航天服的航天员全部窒息身亡。

礼炮 1 号也在航行 5 个多月后，于 1971 年 10 月 11 日在地球大气层中烧毁。科学的每一次进步，都流淌着鲜血和汗水。

"这次事故以后，苏联的航天部门要求所有的航天员在飞船发射、返回和变轨阶段都必须穿上舱内航天服，航天服在危急时刻可以救命。"看完礼炮 1 号的资料，爸爸感慨道。

"3 名航天员为了人类探索太空的伟大事业牺牲了。向为人类航天事业奉献生命的航天员致敬！"小航恭恭敬敬地敬了个礼。

1971 年苏联发行的纪念联盟 11 号乘组人员的邮票

人类第一次太空救援

虽然发生了 3 名航天员牺牲的悲剧，但这并没有阻止人类探索太空的脚步。

继礼炮 1 号之后，苏联又陆续发射了礼炮 2 号至礼炮 7 号 6 个单体空间站。其中礼炮 6 号和礼炮 7 号被称为第二代空间站，第二代空间站最明显的改进就是对接口增加到了两个，除了可以对接载人飞船外，还可与货运飞船对接，为航天员提供各种生活所需的补给。礼炮 7 号运行期间，共接待了 11 批 28 名航天员，其中的 3 名航天员创造了 237 天的飞行记录。航天员进行了多次太空行走，完成了 120 多项实验，拍摄了 1 万多张地球和太空照片，取得了前所未有的成就。

"不过，荣誉往往伴随着冒险。礼炮 7 号也有过惊心动魄的时刻。这场人类第一次太空救援还被拍成了电影呢。"爸爸说。

"你说的是《太空救援》吧？是 2017 年上映的俄罗斯电影，我们还一起去电影院看过呢。"妈妈说。

"发生了什么惊心动魄的事情，需要进行太空救援？"甜甜问。

"是啊，我也等不及要听了。爸爸，您快讲讲吧。"小航说。

1985 年 2 月 11 日，太空中的礼炮 7 号里空无一人，它正静静等候着下一批即将到来的航天员。地面控制中心的工作人员突然收到了礼炮 7 号电子系统发来的信息：电路跳闸了。指挥员立刻向礼炮 7 号发出重新启动的指令，没想到却无法联系上礼炮 7 号了。它失联了！

失联意味着失去控制，当时有人建议："空间站里既然没有航天员，就放弃它，任它自生自灭吧。"但是这么庞大的礼炮 7 号，一旦从太空中掉下来，落在海面或者没人的地方还好，如果坠落在城市，将会造成大规模的人员伤亡。所以苏联决定派两名航天员上去维修。

维修说起来简单，实施起来却很难。

在经过几百次的地面演练后，1985 年 6 月 6 日，两名勇敢的苏联航天员贾尼别科夫和萨维尼赫乘坐联盟 T-13 号飞船飞向太空，经过两天的飞行，他们终于发现了失联近 4 个月的礼炮 7 号。

他们发现，礼炮 7 号的太阳能电池板并没有对着太阳的方向，所

礼炮 7 号和联盟 T-13 号飞船对接成功

以空间站肯定没有电。在冰冷的太空中，这意味着空间站已经成了冰窖。而且，礼炮7号在空中不停地转动着，这给手动对接造成了很大的困难。因为一旦对接不成功，飞船和空间站相撞，后果不堪设想。

最紧张的时刻到来了，随着飞船距离空间站越来越近，贾尼别科夫不断地跟地面汇报："飞船和空间站无法对接！"

"无法匹配！"

"无法完成！"

当时，地面控制中心的工作人员几乎绝望了，这就是不可能完成的任务啊。

直到最后2秒，地面控制人员听到"砰"的一声，接着就听到贾尼别科夫说："对接成功！"瞬间，地面控制中心响起雷鸣般的掌声。

对接成功只是拯救空间站的第一步，更大的挑战还在等着两名航天员。他们对空间站的内部情况一无所知，而且他们带来的水只够用

礼炮7号地面控制中心

8天，能不能在8天内抢修成功，两个人心里一点底也没有。

飞船和空间站对接完成后，两人谨慎地打开空间站舱盖上的小窗，先对空间站内的气压和温度进行了测量。测量的结果还算乐观，虽然内部温度很低，但是气压基本正常。气压正常意味着两个人可以进去维修了。由于空间站电力系统的罢工，导致空间站内部的温度极低。他们进入空间站后，第一感觉就是冷，非常冷！空间站内部壁板、仪器上全是霜，就像一处废弃很久的旧房子，冰冷而寂静。

他们手动将太阳能板调整到正对太阳的方向。经过一天的充电，礼炮7号终于恢复供电了。

航天员维修礼炮7号

有了电，舱内明亮起来，两名航天员终于松了一口气。随着舱内的温度逐渐回升，舱内的霜都化成了水，在太空失重的情况下，到处都飘着水珠，他们赶紧找来各种可以吸水的物件，甚至把之前一名航天员穿过的航天服都给拆了，这才把到处乱飘的水珠吸干了。接着，他们又修好了通风系统、通信系统和自动对接系统，还通过太空行走逐渐修复了其他损坏的部分。6月23日，带着补给物资的货运飞船来了，两名航天员又为空间站换上了新的太阳能板，礼炮7号终于进入了常规的工作状态，一切恢复了正常。

故事讲完了，两个孩子还沉浸在惊心动魄的太空救援中。

"这简直比好莱坞大片还精彩。"小航说。

"是啊，艺术源于生活嘛。"甜甜说。

"《太空救援》这部电影就是根据这次真实事件改编而成的。以现在的科技水平回头看，那两名苏联航天员称得上是真正的勇士，他们依靠当时不够成熟的技术，拯救了礼炮7号。后来，他们被授予了'苏联英雄'的称号。

"两位孤胆英雄和苏联地面控制中心的科研人员，天地配合，成功地挽救了一个冻成冰窖的空间站。这和他们掌握的扎实的航天知识分不开啊。"爸爸说。

"是啊，他们完成了一项了不起的任务，是人类航天史上的奇迹。"甜甜说。

礼炮7号在轨运行10年，于1992年结束了它光荣而坎坷的一生。它的"接班人"就是更加强大的和平号空间站。

和平号空间站

"小航、甜甜，快起床，去看和平号空间站的遗物展了。"周六一大早，爸爸就把两个孩子叫了起来。

"爸爸，什么遗物展啊？"还在睡梦中的小航迷迷糊糊地问。

"这两天，在世界公园有个和平号空间站遗物展。说起空间站，不得不提到和平号空间站。它是苏联于1986年2月20日开始发射的积木式空间站，属于第三代空间站。和平号在轨15年，有很多精彩的故事。你们想不想听啊？"爸爸知道两个孩子爱听故事，尤其是关于航天的故事。

"那您为什么说是遗物展啊？这到底是什么意思啊？"小航还是对这个词念念不忘。

"快起来吧，我们边看展览边讲好不好？"爸爸卖了个关子。

三个人来到世界公园展览区。这里展出了和平号空间站的大型模型，还有很多神奇的太空物品，比如回收舱、餐桌、餐具、食品、太空冰箱、航天服、太空医疗箱、太空万能控制装置、航天员应急用品等。这些展品全部来自俄罗斯航天博物馆。

"太幸运了，我竟然看到了与和平号一模一样的空间站。"甜甜掩饰不住内心的激动，"和平号真像一座迷宫，我觉得航天员在里面都会迷路呢。"

小航已经钻进了"空间站"："哇，这里有太空食品、饮料、睡袋，还有太空行走时穿的航天服呢。"

姐弟俩仔仔细细地把和平号的模型观察了一遍，然后找了个空地坐下来。小航还等着听故事呢："爸爸，您快给我们讲讲和平号的故事吧，您为什么叫这些物品为遗物呢？"

"之所以将这些展出的物品称为遗物，是因为和平号在 2001 年

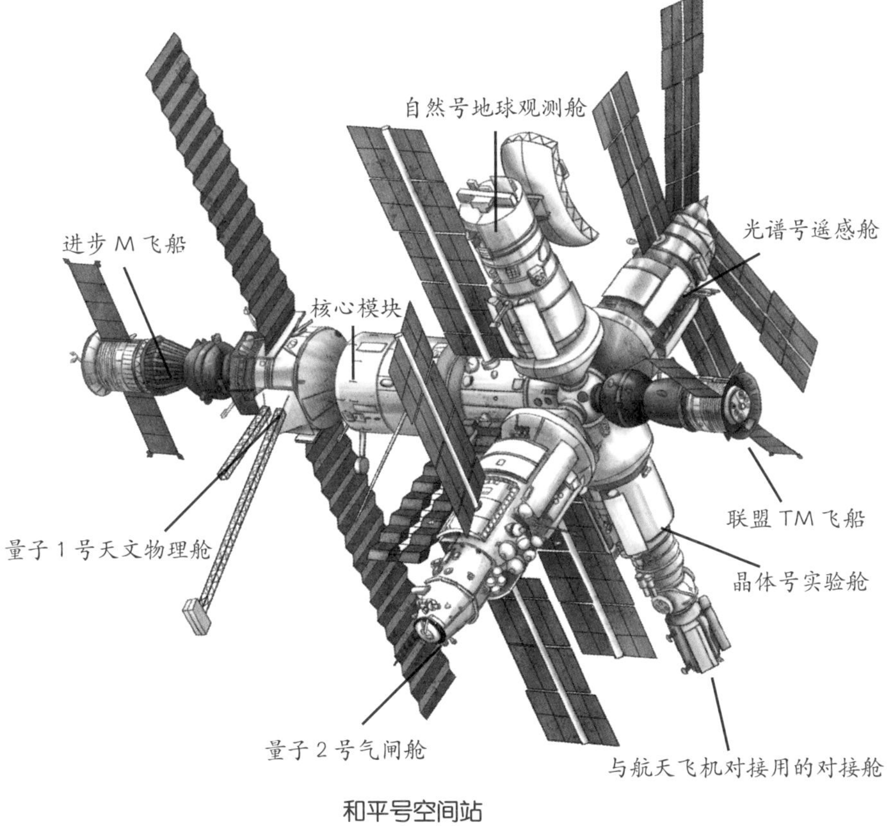

自然号地球观测舱

光谱号遥感舱

进步 M 飞船

核心模块

联盟 TM 飞船

晶体号实验舱

量子 1 号天文物理舱

量子 2 号气闸舱

与航天飞机对接用的对接舱

和平号空间站

3月23日带着大家的惋惜，坠毁在南太平洋。当时我们守在电视机前观看了直播，很多人是流着泪看完的。"

"哦，原来是这样啊。"小航说。

"现在你们看明白了吧？和平号就是典型的积木结构，它的核心舱和之前的礼炮7号最大的不同点是，它上面有6个对接口，能像搭积木一样对接不同的舱段。"爸爸说。

"爸爸，您还是讲故事吧，您说的这些我刚才在介绍板上都看到了。"小航说。

"好吧。和平号在轨的15年里发生过很多事件，很多国家的航天员都在和平号驻留过，还在实验舱做了许多的科学实验，比如药物研究和多种材料科学实验等，也为人类在太空长期生活积累了丰富的经验。"

和平号在轨这15年并不是一帆风顺的。1991年12月，苏联解体，和平号空间站归属俄罗斯。和平号生不逢时，它刚满5岁就遇上了苏联解体。当时的俄罗斯并不富裕，一再削减航天开支，和平号只能"为五斗米折腰"，和多个国家进行合作，靠外援维持生存。

在这种背景下，美国为了学习俄罗斯先进的空间站运行技术，也在1995年到1998年派了多名航天员进入和平号。

和平号内通常有3名航天员，最拥挤的时候有6名航天员同时驻留。和平号里面充斥着缆线、科学仪器，以及一些私人物品，比如照片、书籍、吉他等，像是一个狭小的迷宫。

在和平号15年的运行过程中，共有31艘载人飞船、62艘货运飞船与它实现了对接。15 年来，和平号空间站共完成了 24 个国际性科研计划，进行了 1700 多次、16500 多个科学实验，帮助 15 个国家的科学家完成了广泛的空间研究。

和平号运行的 15 年中也出过不少事故，据说有 1500 多次。

1997 年 2 月，俄罗斯航天员在一个实验舱内制造氧气时，设备突然破裂，引起了火灾，明火燃烧了一分半钟，烟雾弥漫在整个空间站内，航天员们都带上了防毒面具，甚至准备使用疏散逃生飞船离开。幸好空间站的空气过滤系统性能良好，才没有给航天员带来更大的危害。

另一场更严重的事故发生在 1997 年 6 月。进步 M-34 货运飞船

航天员们在拥挤的和平号内

撞上了和平号，撞毁了一块太阳能电池板，光谱舱舱段被撞坏，空气开始泄漏。幸亏两名航天员密切合作，及时找到并堵上了漏洞。

"这些事故使和平号遭到致命的损伤。屋漏偏逢连夜雨。2000年年底，和平号又出了大事故，它几次失去和地面控制中心的联系。2001年3月23日，垂垂老矣的和平号由地面控制坠落在南太平洋预定海域。"爸爸沉重地说。

和平号的时代结束了，太空研究的接力棒由1998年升空的国际空间站接过。

和平号空间站遭受撞击后的光谱号遥感舱太阳能电池板

天空实验室

在建设国际空间站之前，1973 年 5 月 14 日，美国先发射了一个试验型空间站——天空实验室，天空实验室总质量约 80 吨，全长 36 米，最大直径 6.7 米，由轨道舱、过渡舱、多功能对接舱、阿波罗飞船和太阳望远镜等部分组成。虽然天空实验室属于第一代空间站，但是和同年苏联发射的礼炮 2 号空间站相比，简直就是一座豪宅。

"小航、甜甜，你们知道吗？天空实验室是利用阿波罗登月计划剩余的零部件重新设计建造的。"爸爸说。

"是啊，阿波罗登月计划是 1972 年年底结束的，1973 年 5 月美国发射天空实验室。NASA，就是美国国家航空航天局，直接使用了阿波罗计划中剩余的零件和成熟的技术，省得浪费嘛。毕竟阿波罗计划花太多钱了，NASA 也要节省一点了。"甜甜接着爸爸的话题说。

"天空实验室至今仍是世界上最大的单体空间站，它的轨道舱由土星 5 号运载火箭的第三级箭体改造而成，用隔板分成上下两部分。要知道，苏联的礼炮号才不到 20 吨，而天空实验室竟然有 80 吨左右。发射它的火箭也是登月时用的土星 5 号超重型运载火箭。天地往返的航天员也是由阿波罗飞船接送的。在登月基础上建造的天空实验室，一出手就非同寻常。"爸爸补充说。

"虽然天空实验室出身不凡，但也不是一帆风顺的，甚至可以说是命途多舛。你们看看天空实验室的照片，有没有觉得哪里不对劲？"爸爸指着平板电脑上的图片问。

"它只有一组太阳能电池翼，看起来怪怪的。"小航说。

"小航观察得很细致，它的侧面本来应该有两组太阳能电池翼，现在我们只能看到一组，因为另一组在发射过程中损坏了。"爸爸说。

"这么说，天空实验室就是单翼天使喽。"甜甜说。

天空实验室主舱段是一截土星 5 号运载火箭

"有个关于它的故事，你们想不想听啊？"爸爸说。

"当然要听了，不会又要上演一出太空救援的戏码吧？"小航说。

1973 年 5 月 14 日，经过数年的生产、组装与调试，凝聚了无数人汗水和智慧的天空实验室终于发射了。火箭发射过程很顺利。但是，天空实验室进入轨道后，让 NASA 没想到的事情发生了：实验室外面包裹的隔热罩没打开，两组太阳能电池翼也没打开。这是怎么回事呢？

原来，天空实验室外面有个保护罩，是用来遮挡太阳光和阻挡太空中的小流星及太空垃圾的。火箭发射时防护罩和一组太阳能电池翼被高速气流冲掉了，另一组太阳能电池翼被卡住无法打开。没了防护

天空实验室在宇宙中徜徉

罩的遮挡，天空实验室这个大圆筒在太阳光的直射下，室内的温度不断升高，俨然成了一个大蒸笼。幸亏天空实验室还有像螺旋桨一样的四片小太阳能电池板，吸收的太阳能可以勉强维持舱内的制冷设备工作，但是无法给整个空间站供电。

地面控制人员赶紧向天空实验室发出调整飞行角度的指令，避开阳光直射。一通操作之后，舱内的温度维持在了50多摄氏度。但这个温度还是太高。所以下一步就需要航天员上去修理了，他们的主要任务就是给天空实验室打个"遮阳伞"，再把卡住的那组太阳能电池翼打开。

NASA用5天时间在失重的水池中搭建了一个天空实验室模型，让航天员在这里练习如何维修。

1973年5月25日，阿波罗飞船搭载3名航天员飞向太空。飞船与天空实验室对接后，3名航天员进入空间站，从一个小气闸舱钻出去，小心翼翼地支开一把特制的"遮阳伞"——隔热罩。这个东西还挺好用，舱内的温度很快从54摄氏度下降到了31摄氏度。

6月7日，航天员又通过3个多小时的太空行走，去除缠绕的防护罩碎片，解放了被卡住的太阳能电池翼。后来，他们又陆续修复了损坏的部分仪表。天空实验室终于获得了重生。

在1973年到1974年间，天空实验室接待了3批共9名航天员，进行了许多实验。之后，由于登月计划剩下的阿波罗飞船用尽，NASA资金又十分紧张，因此暂时停用了天空实验室，但是仍然把它保留在轨道上，天空实验室在无人状态下飞行了5年多。

打"伞"遮阳

　　在天文学领域，天空实验室随身携带的望远镜观测到一个新彗星，并拍摄到一次太阳耀斑爆发的全过程。荣誉往往伴随着冒险，因为太阳打的这个"喷嚏"，导致天空实验室陷入较稠密的大气之中，运行轨道逐渐下降。那时，美国的航天飞机正在紧张地研发中，NASA 本打算等航天飞机成功上天，利用航天飞机的推力，把天空实验室推高一些。但是，可怜的天空实验室没有变轨机动能力，等不及航天飞机的到来。在大气阻力的作用下，它的轨道高度不断下降。1979 年 7 月 11 日，它进入大气层后被烧毁，坠落在澳大利亚帕斯的一块陆地上。

　　天空实验室是美国的第一个空间站，为美国积累了大量空间站设计和运行的经验，并推动了后续的国际空间站计划。美国科学家认为，天空实验室最重要的贡献是：人具有完成本来没有安排的空间站维修任务的能力。天空实验室还创下了当时连续载人航天 84 天的世界纪录。

找到坠落的天空实验室残骸

国际空间站

1998年，美国、俄罗斯、日本、加拿大等16个国家联合起来，建造了更大更完善的国际空间站。国际空间站长约110米，宽约88米，总质量约417吨，有十几个舱段，是个庞然大物。

多舱段空间站有两种：一种采用积木式构型，即像搭积木一样建

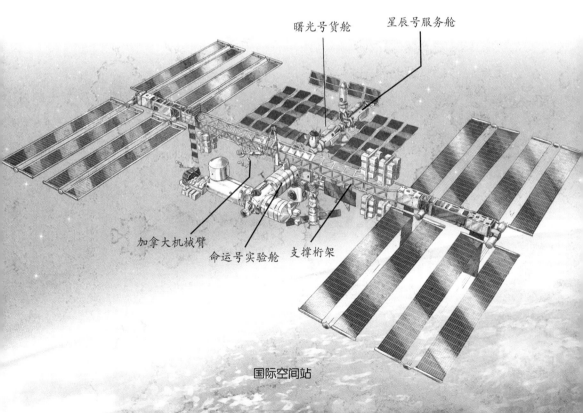

曙光号货舱　　星辰号服务舱

加拿大机械臂　　命运号实验舱　支撑桁架

国际空间站

造，如和平号空间站、天宫空间站，其最大特点是率先升空的核心舱不仅能用于航天员生活居住，控制整个空间站正常运行，还有多个对接口，先后像搭积木一样对接专用实验舱及飞船，形成庞大的空间复合体，属于第三代空间站；另一种采用桁架挂舱式构型，以几十米或上百米的组装式桁架为基础结构，然后将多个舱段和设备安装在桁架上，其优点是可以集中供电、灵活性强、工作效率高、使用维修方便，缺点是费用高、技术复杂。

为了降低研制成本和技术的可复制性，国际空间站实际上是桁架挂舱式构型和积木式构型的"混血儿"，算是第四代空间站。

"爸爸，为什么中国没有参加国际空间站的建设呢？"小航问。

"中国当时是想参加的，但美国不同意。不过，我们中国航天人毫不气馁，经过多年的努力，我们一步一个脚印，打造出了我们自己的天宫空间站。虽然比国际空间站小，但那是凭我们一个国家的力量完成的呀。而且我们的空间站面向全球开放，目前已经有 17 个国家申请在天宫空间站开展实验。"爸爸说。

"爸爸，我看过国际空间站的资料。这个巨型空间站是花了十几年的时间，一次次地把那些组件送上太空组装完成的。那个时候，美国已经有了航天飞机，许多舱段都是通过航天飞机运上去的，不仅花了很多钱，还冒着很大的风险呢。"甜甜说。

"航天飞机送舱段有什么风险呢？"小航问。

"以前很多建设空间站的舱段、设备都是航天飞机送上太空的，而现在航天飞机早已退役了。你知道是为什么吗？这是因为航天飞机的结构太复杂了，事故率很高。美国有 2 架航天飞机发生过爆炸。

　　"1986 年，挑战者号航天飞机升空后 73 秒就爆炸了，7 名航天员全部牺牲；2003 年，即将返航着陆的哥伦比亚号航天飞机在空中爆炸，机内的 7 名航天员全部身亡。所以，国际空间站的建设经历了很多的磨难。"爸爸沉重地说。

　　"爸爸，国际空间站凝聚了太多人的智慧，有数不清的人为它奋斗终生，您觉得值得吗？"甜甜痛心地问。

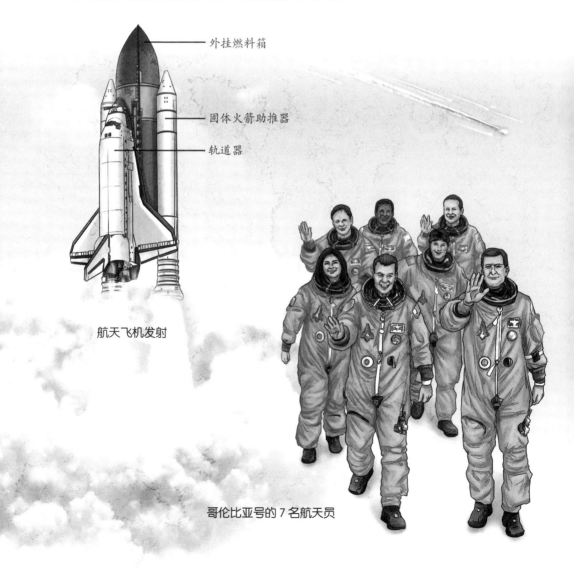

外挂燃料箱

固体火箭助推器

轨道器

航天飞机发射

哥伦比亚号的 7 名航天员

　　"值得！"爸爸斩钉截铁地说，"多舱段空间站都是由一个个舱段和部件组装起来的，通过空间站的建设，人类有了在太空进行大规模组装的经验，为以后在其他星球，比如在月球或者火星上建设人类基地积累了丰富的经验。另外，许多国家的航天员们在这个国际空间站完成了很多实验项目，为人类发展做出了重要的贡献。比如：在空间站上进行的蛋白质晶体生长实验为癌症的治疗提供了思路；2014年，国际空间站完成了首次 3D 打印。人类的想象力创造了科技，科技也在改变着我们的生活。"

国际空间站舱外维修

现在国际空间站已经在轨飞行20多年了，随着材料的老化，各种问题层出不穷。2020年俄罗斯星辰号服务舱漏气，连超声波检漏仪都查不出来泄漏点，最后航天员采取最原始的办法，拿塑料薄膜盖住裂缝区域，通过薄膜上出现的小气泡才确认了泄漏点。不过，在修补好后，星辰号服务舱很快又漏气了。更要命的是，除了漏气，别的故障也频繁出现。一会儿机械臂的抓手不工作了，一会儿摄像头坏了，一会儿散热器出问题了……甚至制氧系统也发生了故障，厕所也罢工了，害得航天员非常不方便。就像和平号空间站的后期，航天员大部分工作就是在维修它，做实验的时间很少。现在的国际空间站也到了暮年，应了那句老话："新十年旧十年，修修补补又十年。"

好在，我们年轻而充满活力的天宫空间站来了，可以接下接力棒，为人类的航天事业做出新的更大贡献。

中国载人航天"三步走"

放学回家之后，小航、甜甜和爸爸又聊起了空间站。小航对爸爸说："爸爸，现在我们已经知道了和平号空间站和国际空间站的前世今生，您也给我们讲讲我们中国的天宫空间站的故事吧。"

"好啊。我正想好好给你们讲讲天宫空间站的艰难之路呢。载人航天是当今世界技术最复杂、难度最大的航天工程。它代表了一个国家在科技和经济领域的实力。几十年来，提出过载人航天计划的国家有不少，但真正能够独立将人类送入太空的国家只有三个，你知道是哪三个国家吗？"爸爸问。

"爸爸，我知道，是俄罗斯、美国、中国。"小航自信地回答。

"是的，载人航天是塔尖上的事业，我们中国虽然起步晚，但起点很高，我们一步一个脚印，稳扎稳打，逐步缩短了和俄罗斯、美国这两个航天大国的距离，在短时间内，就取得了举世公认的巨大成就。这和中国航天人勇于登攀、敢于超越的进取精神分不开。"爸爸说。

1992 年，中国正式提出了载人航天"三步走"的战略：

第一步，发射载人飞船，建成初步配套的试验性载人飞船工程，开展空间应用实验。

第二步，突破航天员出舱活动技术、空间飞行器交会对接技术，发射空间实验室，解决有一定规模的、短期有人照料的空间应用问题。

第三步，建造空间站，解决有较大规模的、长期有人照料的空间应用问题。

接下来，让我们一起看看中国载人航天"三步走"的重要时间节点和高光时刻吧。

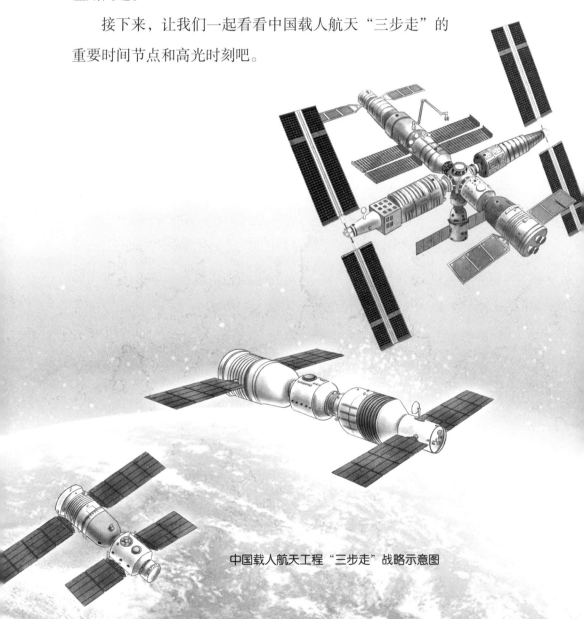

中国载人航天工程"三步走"战略示意图

神舟五号载人飞船

　　说到中国的载人航天事业，就一定离不开神舟飞船。神舟飞船是为航天员天地往返而研制的载人宇宙飞船，"神舟"意为"神奇的天河之舟"，又是"神州"的谐音，寓含神州大地腾飞之意。

　　为了让小航和甜甜更直观地了解神舟飞船，这个周六，爸爸带他们去北京天文馆看航天展。

　　进入北京天文馆大厅，首先看到的是"中华第一巨伞"——神舟飞船降落伞，馆内还陈列着 1:1 的神舟飞船仿真模型、神舟飞船的返回舱、航天员杨利伟穿过的舱内航天服等。

　　讲解员大姐姐清脆悦耳的声音在展厅响起：

　　"神舟系列可是个大家族呢！从神舟一号到神舟十三号，已经抛头露面的'神舟兄弟'有 13 个了。

　　"神舟一号是中国载人航天工程发射的第一艘无人试验飞船。1999 年 11 月，它从酒泉卫星发射中心出发，环绕地球飞行了 14 圈，是中国载人航天史上一次零的突破！之后又陆续发射了神舟二号到神舟四号，这几艘飞船上面都是没有航天员的。

神舟飞船结构示意图

"经过四次无人飞行试验后，2003 年 10 月 15 日上午 9 时整，中国第一艘载人飞船——神舟五号载人飞船从酒泉卫星发射中心载人航天发射场发射升空。这是中国首次进行载人航天飞行，38 岁的中国人民解放军航天员大队航天员杨利伟成为中国第一位'太空使者'。

"神舟五号飞船由轨道舱、返回舱、推进舱和一个过渡段组成。返回舱位于飞船中部，是飞船的控制中心，也是航天员在发射、返回和驾驶飞船时待的地方；轨道舱在返回舱的前面，那里有试验设备和实验仪器，可进行对地观测，也是航天员工作和休息的场所。返回舱和轨道舱一起组成了航天员生活和工作的'一室一厅'。"

大家都被讲解员幽默的讲解逗笑了。

"但它看起来和我住的房子太不一样了。"小航说。

"推进舱在返回舱的后面，它不是密封舱，里面安装着推进系统、电源、氧气瓶和水箱等设备。过渡段在飞船顶部，用于与其他航天器对接或空间探测。

"看过神舟飞船发射的人一定都会注意到，在火箭顶端有一个像避雷针似的尖塔，它便是完全由我国自主研制的逃逸塔。谁能告诉我这是做什么用的呢？"讲解员大姐姐微笑地问道。

逃逸塔————

"是当飞船在即将发射和升空初期发生事故时，让航天员逃离的。"小航抢先答道。

"您都已经说了是逃逸塔，还问这么简单的问题。"甜甜嘟囔着说。

"这名小朋友说对了一部分。这个逃逸塔是发生故障时供航天员逃生用的，但是它的使用有着严格的时间限制。在火箭发射前900秒和升空后的120秒内，如果出现故障，它可以迅速带着飞船与火箭分离，帮助飞船上的航天员转危为安。国际上很多次火箭发射失败的例子证明，威胁航天员生命的故障大多数发生在火箭上升阶段。所以逃逸塔也被航天员们亲切地称为生命之塔。在火箭飞行120秒后（飞行高度大约为40千米时），逃逸塔的使命就完成了，它会和火箭分离，这个过程叫抛塔。"讲解员大姐姐说。

"那抛塔后，飞船再出现问题怎么办呢？"小航问。

"抛塔后，接下来航天员的安全保障将由整流罩接班，整流罩就如同装在飞船外面的铠甲。如果火箭在飞行高度 40 千米至 110 千米之间出现故障，整流罩上的高空分离发动机将开始工作，帮助航天员返回。这也叫无塔逃逸。"

"在一切正常的情况下，整流罩会在火箭飞行 200 秒后脱离。入轨后，飞船建立轨道运行姿态，展开推进舱上的太阳能电池翼，对太阳定向，之后实施变轨，进入椭圆轨道。"讲解员大姐姐说，"我们一起看看飞船发射过程的示意图吧。"

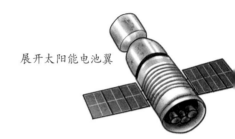

展开太阳能电池翼

飞船进入倾角 42.4度、近地点高度 199.14 千米、远地点高度 347.8 千米的椭圆轨道

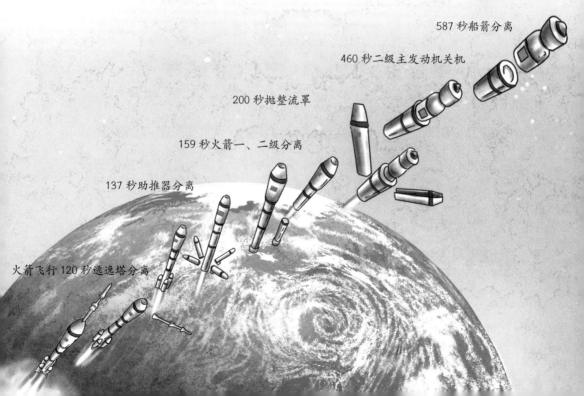

587 秒船箭分离

460 秒二级主发动机关机

200 秒抛整流罩

159 秒火箭一、二级分离

137 秒助推器分离

火箭飞行 120 秒逃逸塔分离

航天英雄杨利伟

　　跟着讲解员大姐姐看完飞船发射的全过程后，小航和甜甜又在北京天文馆听了一场关于航天英雄杨利伟的讲座。

　　1965 年 6 月 21 日，杨利伟出生在辽宁省葫芦岛市绥中县的一个普通家庭。他小时候很淘气，夏天喜欢跑到野外游泳，冬天顶风冒雪地去山上探险。

　　在他读高三时，空军在当地选拔飞行员。18 岁的杨利伟顺利通过各项考核，成了空军飞行学院的一名学生。

　　1998 年 1 月，杨利伟和其他 13 名空军优秀飞行员一起成了中国第一代航天员。

　　航天员的训练是十分艰苦的。不仅要进行体能锻炼、生存训练，还要进行心理训练、航天环境适应性训练等。其中，航天环境适应性训练几乎达到了人体所能承受的极限。因为航天员要脱离地球引力飞上太空，就要承受火箭把人推举到这个轨道上的加速度。

　　航天员在地面要进行 8 G 的过载训练，相当于把 8 个自己压到身上，这种训练是在离心机里进行的。在时速 100 千米的高速旋转中，航天员的脸部会被拉变形，眼泪会不由自主地往下流，根本控制不住。

每个航天员每年都要接受两次这样的训练。训练时，航天员手里会拿着一个报警器。当航天员觉得自己无法承受时，可以随时按下报警器，训练会立刻停止，所有的痛苦都会结束。但是，从1998年中国人民解放军航天员大队诞生至今，报警器没有响过一次。

2003年10月15日，杨利伟以测试第一名的成绩，成为神舟五号载人飞船首飞航天员。首飞意味着要用生命去探索未知的风险。为了这一天，各个部门密切配合，做足了准备，但意外还是发生了。

10月15日一大早，东方刚泛出鱼肚白，为中国酒泉卫星发射场披上了一层神秘的外纱。杨利伟乘坐的特1号车缓缓驶到发射塔架下，停在电梯口南侧位置。6时15分，杨利伟镇定自若地登塔、进舱。

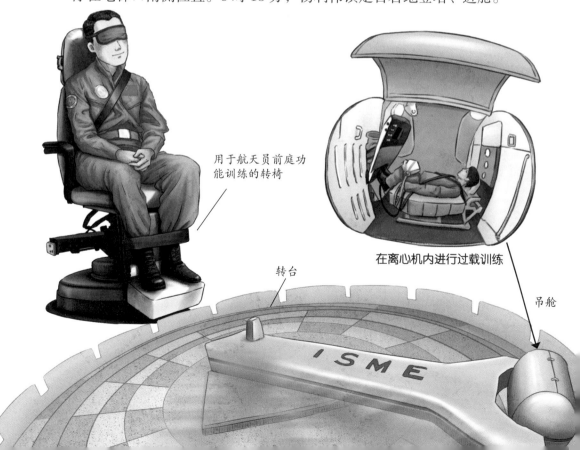

用于航天员前庭功能训练的转椅

在离心机内进行过载训练

转台

吊舱

"10，9，8，7……"开始点火倒计时。数到"4"的时候，杨利伟举起右手，冲着摄像头的方向敬了一个军礼。他觉得在这神圣的时刻，只有敬礼才能表达自己内心的感受。随着最后的点火倒计时声响起，9时整，发射平台火光顿起，火箭尾部发出巨大的轰鸣声，像山崩海啸一般震颤着大地。巨大的火箭拔地而起，直冲云天。神舟五号飞船在长征二号 F 火箭的托举下腾空而起，坐在舱内的杨利伟顿感肌肉紧张，身体收得像块铁一样缩在航天服中。

"逃逸塔分离。"

"助推器分离。"

…………

在火箭加速上升的过程中，杨利伟感到压力在渐渐增强，这种过载他在训练时承受过，所以觉得没什么问题。但在火箭上升到三四十千米的高度时，意外发生了。火箭和飞船突然开始急剧抖动，与杨利伟的身体产生了共振。本来杨利伟已经在承受火箭上升过程中大约 6G 的过载，此时这个振动又叠加了新的过载。杨利伟感觉五脏六腑都要被震碎了，他觉得自己要不行了。这种叠加带来的痛苦，他在地面训练时从来没有体会过。

这种让杨利伟痛苦不堪的共振持续 26 秒后，才慢慢减轻下来。他也逐渐从极度难受的状态中解脱出来，如同卸下了千斤重负。

在那难以承受的 26 秒里，地面指挥中心的工作人员从屏幕中发现杨利伟身体僵硬，一动不动，连眼睛都没眨一下。所有的工作人员都紧张不安，担心他出事了。

直到飞船外的整流罩被抛掉，阳光透过舷窗照射进来，杨利伟的眼睛终于眨了一下。

指挥中心有人大声喊道："快看啊，他眨眼了，利伟还活着！"所有的人都鼓掌欢呼起来。有几个白发苍苍的航天专家，看着大屏幕中的杨利伟，眼泪夺眶而出，哭得像孩子一样。

这时，杨利伟第一次向地面报告："神舟五号报告，整流罩打开正常！"

进入太空后，杨利伟发现从飞船上看到的地球并不是球状的。因为飞船距离地面的高度只有343千米左右，所以在飞船内的航天员只能看到地球的一段弧形。平常大家看到的球形地球照片，是由距离地面更高的卫星拍摄的。

当飞船飞行到第7圈时，杨利伟把中华人民共和国国旗和联合国旗帜展示在摄像头前，并向世界各国人民问好。

杨利伟在飞船经过北京上空时，曾经俯瞰首都北京，因为那里有他的战友和亲人。他还努力想看到长城，但一直没有找到。后来杨利伟说："在太空，实际上看不到任何单体的人工建筑。"

10月16日5时35分，北京航天指挥中心向飞船发出了"返回"的指令。

5时38分，神舟五号飞船制动火箭点火。飞船的飞行速度降低并开始脱离原来的轨道，准备返回地球。

6时4分，飞船飞行到距离地面100千米高度时，进入稠密的大气层。此时飞船只剩返回舱了，快速飞行的返回舱与大气剧烈摩擦，

杨利伟在摄像头前展示中华人民共和国国旗和联合国旗帜

产生高温。杨利伟看到舷窗外被烧得一片通红，船体就像炼钢炉一样。

突然，杨利伟看到返回舱右边的玻璃窗出现了一些裂纹，而且越来越多，就像被打碎的强化玻璃一样。他感到有些紧张，心想：这个舷窗看来不行了。

他回来后才从技术人员那里得知，并不是玻璃窗出现了问题，而是返回舱的舷窗外做了一层防烧涂层。那些裂纹只是这个涂层被烧裂了。

6时14分，返回舱距离地面大约10千米时，回收着陆系统开始工作，降落伞舱盖被打开，然后依次拉开引导伞、减速伞和主降落伞。这一连串的动作很剧烈，杨利伟在飞船里边感觉被狠狠地拉拽着。

在距离地面大约5千米的时候，返回舱抛掉防热大底，以便露出返回舱底部的反推发动机，反推发动机的功能是使飞船返回舱进一步

减速。同时主降落伞与返回舱的连接由单点倾斜吊挂转换成两点垂直吊挂，以便返回舱着陆时缓冲装置能够更好地发挥缓冲作用。此时，返回舱被摆正了，在空中晃悠着落向地面。

在返回舱距离地面大约 1.2 米时，返回舱底部的 4 台反推发动机点火，迅速将速度降下来，使返回舱以大约 3 米 / 秒的速度软着陆，接着，杨利伟就听到飞船"砰"的一声落地了。

杨利伟感觉返回舱重重地落在地上又被弹了起来。在返回舱第二次落地时，他迅速按下了切伞开关。返回舱安全地停在了大草原上。落地时间是 2003 年 10 月 16 日 6 时 23 分，正好是当天天安门广场升国旗的时间，这真是一个无法设计的巧合。

由于舷窗被烧得黑乎乎的，杨利伟看不到外面的景象。他向指挥部报告："我是神舟五号，我已安全着陆。"

过了几分钟，他听到外面有喊叫声，手电筒的光束从舷窗上照进来。杨利伟非常激动和安心：他们找到我了！

杨利伟说："当我看到开舱门的年轻士兵时，我的第一个念头就是——可见着亲人了！"

神舟五号飞船共飞行 21 小时 23 分钟，环绕地球 14 圈，飞行了近 60 万千米，中国首次载人航天飞行圆满成功，我国成为世界上独立自主完整掌握载人航天技术的国家之一。人类走出地球摇篮的漫漫征途上，刻下了属于中国人的印记。

航天英雄杨利伟的故事听完了，在听故事的过程中，小航和甜甜一会儿替杨利伟叔叔担心，一会儿替他高兴。

此时，北京天文馆的屏幕中正在播放着杨利伟从返回舱出来后的画面："我感觉非常良好，我们的飞船非常正常，我为祖国感到骄傲！"

展馆所有在场的人都情不自禁地鼓起掌来。

杨利伟安全返回地球后，详细地向科研人员描述了火箭发射时那 26 秒的难受过程。经过分析研究，工作人员认为，飞船的共振主要来自火箭的振动。随后他们改进技术工艺，解决了这个问题，在之后的航天飞行中再没有出现过这个现象。

"小航，你快来看，这是神舟五号返回舱的实物。哇，重 3 吨多呢。杨利伟叔叔当时就是坐在这里。"甜甜兴奋地说。

"姐姐，飞船升空的时候有好几个舱，回来的时候就只剩下返回舱了吗？"小航问。

"是啊，返回舱经过大气层的时候摩擦起火，就像火球一样从天而降。"甜甜说，"飞船在返回地面时，为了减速、防热及结构上的需要，返回的质量越小越好。因此，一般真正返回地面的只有返回舱，这也是飞船采用分舱设计的重要原因，它像飞机在空中抛掉空油箱和多级火箭抛掉熄火后的子级火箭似的'轻装下阵'。"

"不只是火箭上升阶段航天员会面临风险，在返回时也会面临风险，甚至丧命。神舟五号返回时急速落地后又一下子弹起来，然后再摔下去。飞船内的杨利伟叔叔整个人向前撞去，麦克风一下把他的嘴给刮破了。后来工作人员从神舟六号开始就改进了麦克风，并用海绵包裹起来了。"爸爸说。

"面对重重困难，中国的航天员从来没有退缩过。我以后也要像他们一样，成为优秀的航天员，为祖国的航天事业贡献自己的一份力。"甜甜坚定地说。

"我也要做航天员。"小航说。

中国首次太空行走

梦想有多远，我们就能走多远。

2005年10月12日，长征二号F运载火箭将神舟六号飞船发射入轨，航天员费俊龙、聂海胜进入太空；10月17日，神舟六号飞船返回舱安全着陆。从神舟五号的单人单天，到神舟六号的两人多天，掌握了多人多天在轨飞行的关键技术之后，更大的挑战来了，我们中国人第一次太空行走即将开始。

2008年9月25日，我国第三艘载人飞船神舟七号成功发射，3名航天员翟志刚、刘伯明、景海鹏顺利进入太空。9月27日，航天员翟志刚完成了中国人首次太空行走。从此，茫茫太空印下了中国人的足迹。

"小航、甜甜，你们知道吗？翟志刚的第一次太空行走，并不是一帆风顺的，而是经历了惊心动魄的过程，你们想听听他们在太空中遭遇了什么样的困难，有什么感人的故事吗？"爸爸说。

"爸爸，当年发生了什么呢？"小航说。

这要从神舟七号航天员翟志刚在太空挥舞的那面五星红旗说起。

它是我国的航天人用十字绣工艺一针一线绣出来的，很厚实，能在无风无重力的太空展开。为了让这面国旗亮相太空，航天员甚至做好了牺牲的准备。

2008年9月27日16时33分，在轨飞行的神舟七号乘组接到指令，景海鹏留守返回舱内监控飞船运行，翟志刚准备出舱，刘伯明负责协助。他们进入轨道舱，换好舱外航天服，对轨道舱进行泄压，使其气压与舱外的太空气压相近。一切准备就绪，但当翟志刚准备打开舱门出舱时，意外发生了：他使出很大的力气拉舱门，连拉几次，舱门却丝毫未动。这是舱内舱外仍然有压力差导致的，也与失重环境没有用力支点和舱外航天服的压力有关。要知道，神舟七号的3名航天员为了这次出舱任务，付出太多太多了，而在最关键的时候打不开舱门，

翟志刚执行神舟十三号任务前
在水下训练时使用机械臂移动

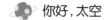

那前面的努力都白费了。

这时，刘伯明看翟志刚实在无法打开舱门，就递过来一把金属撬棍，并固定自己，举着翟志刚。翟志刚用撬棍将舱门别开一条缝，舱内的气流瞬间流了出去，舱门终于打开了。

神舟七号打不开舱门的小插曲后来再也没有出现过，因为科研人员总结了这次经验，专门为舱门配了一个助力手柄，让航天员开舱门更加轻松、顺利。从这个小小的助力手柄可以看出，我们的航天员出舱的经验不断积累，所运用的设备也在不断改进提高。

此时，飞船已进入测控区，翟志刚即将出舱。按计划，他将先取回飞船轨道舱外侧放置的暴露在外太空的试验材料，然后，再从舱内取出一面五星红旗，进行太空漫步和舱外展示。就在翟志刚即将出舱时，意外又发生了，他们的耳机中传来一阵警报声："轨道舱火灾！轨道舱火灾！"

所有人心头一紧。

火灾？这是航天器最不能承受的灾害。

轨道舱正是翟志刚和刘伯明身处的舱段。此时已无暇多想，翟志刚和刘伯明眼神稍做交流，彼此心中便达成了默契：就算回不去，也要让五星红旗在太空留下永恒的瞬间！刘伯明当机立断，把国旗塞给翟志刚。

地面指挥大厅听到了他们这样的对话——

刘伯明：坚持，任务我们继续。

翟志刚：明白。

刘伯明：着火我们也来不及了，不管了。

翟志刚：成。

翟志刚毫不犹豫地出了舱门。北京时间 16 时 44 分，全世界通过电视直播，看到了在黑色的宇宙帷幕之中，身着白色航天服的翟志刚，挥舞国旗，向中国人民、全世界人民问好，说出了一句让我们永难忘怀的话："我已出舱，感觉良好。"那面凝聚了航天人深厚情谊的五星红旗，在太空中无比鲜艳。

当祖国人民为航天英雄的出舱欢呼的时候，谁也无法想到，刘伯明正在向身处返回舱的航天员景海鹏请求，如果轨道舱真的着火了，景海鹏要把返回舱单独分离出去，这样至少可以确保有一人能够生还。景海鹏当时含泪说，他绝对不会也不可以这么做，他不能独自一人返

翟志刚出舱进行太空行走

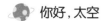

回地球，要回一起回。

这时，令人安心的消息也传到了3名航天员的耳中：火灾警告属于系统误报，神舟七号一切正常。

最终，神舟七号任务取得圆满成功，3名航天员顺利返回地球。

载人航天是千人一心的事业。航天员的平安归来，离不开身后无数为祖国航天事业无私奉献的航天人。

几年后，回忆起当时的情形，翟志刚说，他们跳过了原计划中先取回舱外试验材料的步骤，提前在太空展示国旗，只是因为："如果真回不来了，就把这舞动国旗的画面，当作我们的永别吧。"

"祖国的利益高于一切！"刘伯明也在接受采访时说，"就算再也无法重返地球，我们也要让五星红旗在太空飘扬！"

那次翟志刚进行了19分35秒的太空行走，这意味着继俄罗斯、美国之后，中国也掌握了太空出舱这一关键技术，这也正是之后建造和维护空间站的一个非常重要的环节。

"没想到翟志刚叔叔在说'感觉良好'的时候，正经历着生死考验。这是多么坚强的意志啊！"甜甜说。

"向伟大的航天英雄敬礼！向所有中国航天人敬礼！"小航端端正正地行了个少先队礼。

从首次飞天，到漫步太空，中国航天人只用了五年的时间，就实现了三大跨越：从单人单天，到多人多天，再到太空行走。翟志刚在太空迈出的一小步，是我国航天事业迈出的一大步，更是我国在科技创新征程上迈出的一大步。

天宫一号

"咦，妈妈，你在缝衣服呀？"甜甜说。

"是啊，小航的衣服开线了，我帮他缝几针。"妈妈说。

"小航、甜甜，你们知道太空'穿针引线'吗？"爸爸又找到传授知识的机会了。

"爸爸，我知道，就是交会对接，指两个航天器在太空对接组成一个组合航天器，难度系数很高，就好比一场太空接力赛，前面的选手拿着绣花针，后面高速飞奔的选手要把一根丝线从针眼里穿过去，所以叫太空'穿针引线'。如果有丝毫差错，就会'失之毫厘，谬以千里'，甚至造成相撞事故。"甜甜说。

"是的，我们要想建设（积木式的）大型空间站，就必须掌握太空交会对接技术。"

"我知道了，爸爸，突破交会对接技术是我国载人航天'三步走'的第二步。"小航说。

"是的。2011年9月，天宫一号目标飞行器发射升空，2011年11月，神舟八号载人飞船发射，它的任务就是与天宫一号进行交会对接，所以飞船上只有两个穿着航天服的假人。"爸爸说。

"哈哈，太好玩了。假人有五官吗？"小航问。

"假人在外貌上几乎和真人一样，'五官'俱全，连体重也和真人基本一致呢。"爸爸说，"以前我国神舟二号、三号和四号的飞天任务中，都曾搭载过模拟航天员。搭载模拟航天员是我国首创的，国外早期的此类试验一般都是通过搭载灵长类动物，比如猩猩来完成的。"

"爸爸，和动物相比，假人没有任何反应，带它上去有什么用呢？"小航说。

"科学家在假人航天员的身体内装有人体代谢模拟装置、拟人生理信号设备，可以获得人体耗氧、脉搏等与真人一样的生理信号，完全可以用它来代替动物。"爸爸说。

资源舱　　对接口　　轨道舱　　返回舱　　实验舱　　太阳能电池翼　　推进舱

天宫一号和神舟八号交会对接

"这也太有趣了，模拟航天员又让我长知识了。"小航说。

神舟八号和天宫一号经过 2 天的追逐和 5 次变轨，终于完成了"太空之吻"，对接成功啦！我国成为继美、俄之后第三个掌握太空交会对接技术的国家，建设空间站又迈出了关键一步。

2012 年 6 月 16 日，神舟九号搭载航天员景海鹏、刘旺和刘洋发射升空，进入预定轨道，并于 6 月 18 日与天宫一号完成自动交会对接，形成组合体，航天员们在中国的"太空家园"——天宫一号开始了工作与生活。刘洋是我国第一个飞入太空的女航天员。

2013 年 6 月 11 日，神舟十号搭载航天员聂海胜、张晓光和王亚平发射升空，进入预定轨道；6 月 13 日，神舟十号与天宫一号完成自动交会对接任务，航天员入驻天宫一号；6 月 23 日，神舟十号与天宫一号目标飞行器实现手控交会对接，形成组合体。神舟十号飞行时间是 15 天，是中期太空飞行的起点。

2013 年 6 月 20 日，在天宫一号与神舟十号组合体飞行期间，航天员王亚平和另外两名航天员聂海胜、张晓光配合，为全国 6000 多万中小学生开展了一堂别开生面的太空授课。课程正式开始后，太空传来甜美的声音："我是王亚平，本次授课由我来主讲。现在我们是在远离地面 300 多千米的天宫一号实验舱里向大家问好！同学们都知道，失重是太空环境中最独特的现象。那么首先，让指令长给大家表演几个高难度的动作。"

聂海胜说："好，没问题，那我就给大家表演一个悬空打坐吧。"

看到指令长聂海胜盘腿悬在空中，王亚平风趣地说："哎，那我还有'大力神功'呢。"说着，她用一根手指轻轻一推，聂海胜便飞了出去。

这幽默的开场惹得同学们一阵欢笑。太空打坐让同学们直观地看到，在太空中物体不受地球重力的影响，可以悬在空中。

在大约40分钟的时间里，他们先后展示了质量测量、单摆运动、陀螺运动、水球演示和水膜演示等5个基础物理实验，并通过天地连线与地面课堂的学生进行互动交流。

青少年是科学的希望、国家的未来。这堂生动有趣的太空课，开启了无数少年的想象空间，在他们心中种下一颗颗"科学梦"的种子。

航天员王亚平在天宫一号进行太空授课

天宫二号

　　天宫一号在完成与神舟八号、神舟九号、神舟十号的交会对接和组合飞行后，它的使命就完成了。2016年9月15日，天宫二号接替了天宫一号的工作。天宫二号是真正的空间实验室。在天宫二号之前，神舟飞船送航天员入太空都是短途旅行，一般不超过两周，航天员就需要返回地面了。而天宫二号搭载着2名航天员——景海鹏和陈冬，在太空足足停留了33天。

　　"爸爸，为什么说天宫二号是真正的空间实验室，天宫一号不是吗？"甜甜问。

　　"天宫一号主攻空间交会对接，主要任务是掌握和巩固空间交会对接技术，而不是进行空间实验。因此，天宫一号被称为目标飞行器的时候更多。而天宫二号在太空有三大使命，一是航天员中期驻留，二是推进剂在轨补加，三是在轨维修技术试验。天宫二号在轨期间，开展了航天医学、空间科学等14项科学实验任务，所以它被称为空间实验室是实至名归啊。"爸爸说。

　　2016年10月17日，天宫二号飞天后一个月，神舟十一号载人飞船搭载航天员景海鹏和陈冬飞入太空。10月19日，天宫二号与神舟十一号交会对接成功。

天宫二号是两舱构型，分为资源舱和实验舱，和神舟十一号合体后，航天员的活动空间变得更大了。神舟载人飞船可支持3名航天员实现天地往返，停靠在天宫二号期间也作为救生船，用于航天员应急救生和返回。

2名航天员在天宫二号生活了一个多月，完成了航天员中长期太空生活和工作等考核，开展了多项科学实验。

"景海鹏和陈冬进驻天宫二号的一个月，是很繁忙的一个月。他们俩可以说是身兼数职，既是工程师，又是医生；既要种好菜，又要养好蚕。"爸爸笑着说。

"啊，种菜？养蚕？太好玩了吧。"小航说。

"跟随2名航天员一起来到太空的有6只蚕宝宝和若干颗生菜种

天宫二号养蚕实验

子。在两个人的悉心照料下，生菜种子顺利发芽，长势非常好，成为中国首次太空人工栽培的植物。更有趣的是那6只蚕宝宝，蚕宝宝在科学家为它们做的'太空屋'里，还吐丝结茧了呢。"爸爸说。

"'太空养蚕'是这次飞行任务中一个有趣的实验项目，是由香港的4名中学生设计的。"妈妈说。

"我也希望自己可以设计实验项目，将来在太空完成它。"小航期待地说。

"现在我们的天宫空间站也在向青少年征集实验项目，我们一起参与吧。"甜甜说。

"太好了，我要开始设计实验项目喽。"小航兴奋地说。

2016年11月18日，神舟十一号带着航天员景海鹏、陈冬安全返回，将蚕虫和绿油油的生菜一起带回了地球。

2017年4月20日，天舟一号货运飞船发射升空。两天后，天宫二号与天舟一号成功交会对接并组成组合体飞行。4月23日至27日，推进剂从天舟一号输送到天宫二号中，成功完成了首次推进剂的补加实验，就像太空加油一样，天宫二号有了充足的燃料，可以在太空工作更长时间了。中国也因此成为世界上第二个在太空实现在轨推进剂补加的国家。

2019年7月，天宫二号完成使命，在地面人员的指挥下坠毁在南太平洋，为我国载人航天"三步走"的第二阶段画上圆满的句号。我国载人航天进入第三阶段：建造空间站。

我国的载人航天事业从无人到有人，从单人单天到多人多天，从舱内活动到太空行走，从单船飞行到与空间实验室交会对接，形成组合体飞行，走得稳稳当当。如今，我们的天宫空间站已经飞天了。

中国航天科技集团五院空间站系统副总设计师朱光辰形象地比喻："如果说神舟飞船是一辆轿车，那么天宫一号和天宫二号相当于一室一厅的房子，天宫空间站则像是三室两厅还带储藏间。"

让我们一起走进天宫空间站吧。

天宫二号升空后三大任务

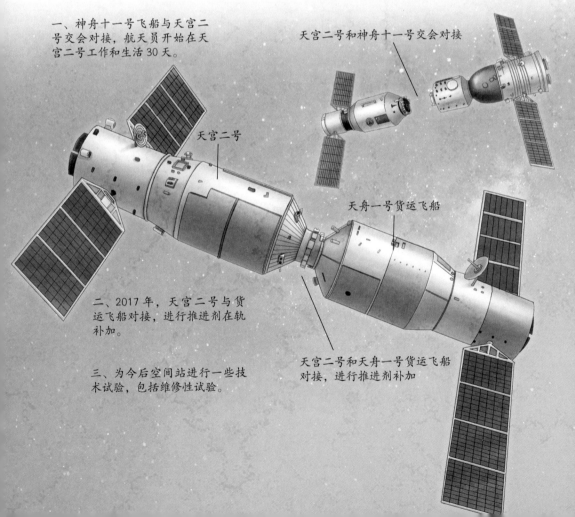

一、神舟十一号飞船与天宫二号交会对接，航天员开始在天宫二号工作和生活30天。

天宫二号和神舟十一号交会对接

天宫二号

天舟一号货运飞船

二、2017年，天宫二号与货运飞船对接，进行推进剂在轨补加。

三、为今后空间站进行一些技术试验，包括维修性试验。

天宫二号和天舟一号货运飞船对接，进行推进剂补加

天和核心舱

"天和将至。"2000 多年前，中国哲学家庄子就表达了对 "天地人和"的美好向往。2021 年 4 月 29 日 11 时 23 分，天和核心舱在我国文昌航天发射场发射升空，准确进入预定轨道。

2021 年 6 月 17 日 15 时 54 分，神舟十二号载人飞船入轨后采用自主快速交会对接模式，成功对接于天和核心舱前向端口，与此前已对接的天舟二号货运飞船一起构成三舱组合体，整个交会对接过程历时约 6.5 个小时。2021 年 6 月 17 日 18 时 48 分，神舟十二号的 3 名航天员聂海胜、刘伯明、汤洪波先后进入天和核心舱，中国空间站有了第一批航天员。

"小航、甜甜，你们知道吗？三度飞天的指令长聂海胜、再叩苍穹的刘伯明、首次出征的汤洪波，这 3 名航天员有个共同的背景，他们都是农民的孩子，家境都比较清苦。"爸爸说，"他们三人在少年时期，在艰苦的日子里，没有放弃学习，磨砺出了坚强的意志、强健的体魄，为成为优秀的航天员打下了坚实的基础。从山村的放牛娃到飞行员，再到圆梦星辰大海，他们通过一次次严酷的考验，成为亿万人心目中的英雄。"

沙里淘金，优中选优，千锤百炼，百炼成钢。这就是中国航天员的真实写照。

自从听说上海天文馆内有天宫空间站天和核心舱1:1的模型后，甜甜和小航姐弟俩最惦记的事情就是去上海了。

趁着双休日，爸爸妈妈带着姐弟俩坐高铁去了上海。到站后，妈妈就问："我们是先去迪士尼乐园，还是去上海天文馆呢？"

"当然是天文馆了。我做梦都想着来上海天文馆看看呢。"小航说。

"是啊，上海天文馆可是全球最大的天文馆，我就是为它而来的。"甜甜也说。

"看来你们两个都成小航天迷了，连迪士尼乐园都不能吸引你们。

走，直奔天文馆。"爸爸开心地说。

上海天文馆坐落在滴水湖畔，像两片大贝壳一样，也像艘充满未来感的宇宙飞船。天文馆内分为"家园""宇宙""征程"三个展区。爸爸妈妈在商店给姐弟俩买了两套轻便的航天服，姐弟俩穿上航天服，兴致勃勃地进了家园展区。家园展区通过宏大的场景设计，营造出神秘而美丽的星空氛围，这里还摆放着太阳、月亮等天体缩小后的模型。离开家园展区后，他们前往宇宙展区，漫步在星际穿越长廊，感受宇宙的神秘莫测与浩瀚无边。

最后，他们来到天文馆的征程展区。征程展区，顾名思义就是全

天和核心舱模型

景式展现人类探索宇宙奥秘的漫漫征途，从古人的思考到近代天文学革命，当今世界各地的天文台及研究计划，各种天文卫星，还有我们中国人自己的嫦娥探月工程和天问火星探测计划，以及 1：1 还原的天和核心舱模型。

"哇，核心舱看上去有一辆大客车那么大。现场的视觉效果可比电视上的震撼多了，在电视上看着总觉得它很小呢。"小航惊讶地说。

"是啊，核心舱全长 16.6 米，最大直径 4.2 米，发射质量 22.5 吨，是我国目前研制的最大航天器。"爸爸说。

"爸爸，您看，核心舱的外形很像个啤酒瓶子呢。"小航说。

"哈哈，你的想象力很丰富嘛，确实有点儿像呢。"甜甜说。

"核心舱的外形是有点儿像啤酒瓶子。它由大柱段、小柱段、节点舱三部分组成。大柱段比较粗，小柱段比较细。你们知道为什么要这样设计吗？"爸爸问。

"不知道。"姐弟俩都回答不上来。

"都做成一样粗不好吗？难道是为了美观？"甜甜又补了一句。

"还记得那天我们在家看核心舱发射的电视直播吗？主持人讲过，核心舱是由长征五号 B 遥二运载火箭发射升空的。长征五号 B 遥二运载火箭的整流罩长 20.5 米，直径 5.2 米，有 6 层楼那么高，近地轨道的运载能力达 25 吨级，是我国目前近地轨道运载能力最大的火箭了。发射 20 多吨的空间站舱段，目前只有它能够胜任。网友们亲切地称呼它为'胖五 B'。"爸爸说，"因为胖五 B 整流罩的直径是 5.2 米，所以核心舱直径最大肯定不能超过 5.2 米。另外，为了防止火箭在飞行过程中的剧烈振动将核心舱损伤，还必须留出一定的间隙，所以核心舱大柱段的直径设计为 4.2 米。那么小柱段直径为什么设计成 2.8 米呢？"

"不知道。"两个孩子头摇得像拨浪鼓似的。

"你就别卖关子了。"妈妈对爸爸说完，转头问孩子们，"那天看核心舱发射的时候，你们有没有注意到，核心舱的太阳能电池板在发射的时候是折叠状态，和小柱段一起放在火箭整流罩里面？"

"所以小柱段要设计得细一些，好给太阳能电池板留出空间。"

甜甜恍然大悟。

"好，大柱段小柱段的问题都明白了。现在爸爸再问问你们，核心舱有3个对接口和2个停泊口，都是做什么用的呢？"爸爸狡黠一笑。

"爸爸，我知道。2个停泊口用于连接2个实验舱，2个实验舱将永久固定在2个停泊口上，组成空间站的基本构型。核心舱前后还各有1个对接口，节点舱的下方也有1个对接口，3个对接口都是用来对接飞船的。这个我搭积木模型的时候就知道了，您是难不倒我的。"小航自豪地说。

在核心舱模型的上方，完整的天宫空间站整体模型吊挂在头顶，反复演示着与天舟号货运飞船的交会对接过程。

"小航很棒！对接口既可以支持其他飞行器短期停靠，将来还可以和新的舱段对接，新的舱段会有新的对接口，这样我们的空间站就能变得越来越大了。爸爸再考考你，节点舱上面这个口是做什么用的呢？"爸爸指着节点舱说。

"这个口在上面，肯定不能作为对接口吧？它是做什么的呢？我一下子想不明白。"小航不好意思地说。

"这个是出舱口，是航天员出舱进行太空行走时用的。"甜甜说。

"甜甜说得对。这个节点舱的直径和小柱段一样大。除了作为节点舱，它还有个兼职工作。你们知道是什么吗？"爸爸继续问道。

"在航天员执行太空行走任务时，它还可以作为'气闸舱'。"妈妈看两个孩子都答不上来，便接过话来。

"我还是不明白，气闸舱有什么用呢？"小航问。

"气闸舱，英文称'Air Lock'，是航天员出舱活动时，进入太空和返回舱内的必经之地。气闸舱有两个舱门，一个与小柱段连接，称为内闸门，另一个通向外部的太空，称为外闸门。航天员出舱开始太空活动前，先穿好舱外航天服，走出内闸门后再将其关闭，然后把气闸舱内的空气抽入小柱段，当气闸舱内和外界空间的压力相等时才能打开外闸门进入太空，否则会因为舱内和太空的气压不同而造成爆炸。航天员完成太空作业后，返回气闸舱时也会先关闭外闸门，把小柱段内的空气抽入气闸舱，等两者压力相等时，再打开内闸门，回到小柱段。"爸爸说。

气闸舱有两大用途：一是可以节省载人航天器内的气体，防止在航天员打开舱门进入外太空时载人航天器内的气体大量流失；二是在航天员出舱前对大气压力进行调节，可以预防航天员在进行太空行走时患高空减压病，气闸舱内一般还装有吸氧排氮设备。目前载人航天器内的压力为 101.4 千帕，而舱外航天服内的压力是 30 ~ 40 千帕。如果航天员通过气闸舱进行高低压环境的过渡，再加上进行吸氧排氮，就可以预防减压病。

爸爸的讲解太过精彩，好几个游客也站在旁边认真地聆听。

"我明白了。我们还是进舱内看看有什么好玩的吧。"小航边说边走进核心舱。

走进舱内，里面已经有很多游客在操作着不同的设备。大柱段部位主要是航天员乘组开展工作和科学实验以及就餐和医监医保的地方，里面有很多的仪器，就餐区配置了微波炉、冰箱、饮水机和折叠桌等物品，医监医保区是用来评估航天员身体状况的；小柱段是航天员的睡眠区和卫生区，里面有3个床铺和1个卫生间，还配置了太空跑台（太空自行车等健身器材）和视频通话设备。

　　穿着航天服的姐弟俩沉浸式体验了航天员的空间站生活，对太空充满了向往。

在天和核心舱模型舱内参观

径向对接难在哪儿

　　天文馆的屏幕上正好在播放神舟十三号载人飞船发射的视频，姐弟俩坐在地板上认真地观看着。2021年10月16日0时23分，神舟十三号载人飞船把翟志刚、王亚平和叶光富3名航天员送入了太空，进入预定轨道。10月16日6时56分，飞船与空间站组合体完成自主快速交会对接。

　　正在看视频的小航和甜甜忍不住鼓起掌来。

　　"从2003年10月15日航天员杨利伟乘坐神舟五号载人飞船进入太空，到神舟十三号载人飞船进入太空，正好18年。18年，能让一个婴儿长大成人，也是我们中国载人航天一步步成长的宝贵阶段，想想真是让人感慨万千啊。"爸爸看到屏幕上激动人心的画面，忍不住感叹。

　　"是啊，18年，我们也从大学生变成了两个孩子的父母了。"妈妈说。

　　"这些年眼看着我国载人航天工程完成一次又一次的发射任务，成功率100%，交出了发射'零失误'的漂亮答卷。从神舟五号到神舟十三号，航天员们创造了一项又一项纪录，中国载人航天工程也自力更生走到了第三步——空间站阶段。这一路每一个从0到1的突破，都经历了无数艰辛甚至生死考验。"爸爸越说越激动。

"爸爸妈妈，你们先不要感慨了。我发现这次神舟十三号与核心舱的对接方式和之前不一样，这次怎么改成从下往上对接了呢？"甜甜问。

"这叫径向对接，之前神舟八号到神舟十二号5艘飞船，与目标都是轴向对接。径向对接这项技术的难度非常大。难在哪儿呢？打个比方吧，轴向对接就像你在追着小航跑，不用太考虑上下左右偏移的问题，只需考虑距离多远、追得上追不上就可以了。而在径向交会过程中，飞船需要由平飞状态转成竖飞状态，确定相对位置和姿态更难，上下左右前后的位置全都要考虑到，全都要对准才行。不过这次对接

神舟十三号飞船与天和核心舱径向对接

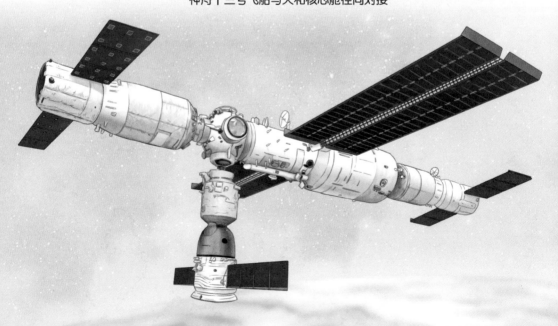

非常顺利，成功的背后离不开微波雷达的大力相助。微波雷达在自主交会对接过程中全权负责两个飞行器之间的距离、速度、角度等数据的精确测量。"爸爸说。

所谓径向对接就是载人飞船通过天和核心舱下方对接口与空间站进行交会并对接。虽然只是方向变了90度，但是对接的难度大了不少，要克服多项困难。比如：载人飞船与核心舱进行水平的前向、后向交会对接时，其200米保持点是一个稳定的保持点，即使发动机不工作，载人飞船也能较长时间保持稳定的姿态和轨道。而载人飞船与天和核心舱进行垂直的径向交会对接时，没有稳定的中途停泊点，所以需要持续对飞船的姿态和轨道进行控制，推进剂消耗大，故障处置难。另外，由于在径向对接过程中，载人飞船需进行由平飞转竖飞等大范围的姿态机动，所以对飞船能看到目标和保证飞船不会被复杂光照变化所干扰提出了更高要求。

此次神舟十三号载人飞船与天和核心舱径向交会对接的整个过程都是在制导、导航与控制系统指挥下，由神舟十三号载人飞船上的智能系统自主完成的。

"既然这么难，为什么不像以前那样采用轴向对接呢？"小航问。

"回答你这个问题之前啊，我们再回顾一下天和核心舱的5个对接口，设计师们亲切地称它们为'对接五兄弟'。'对接五兄弟'分工明确、各司其职。'大哥'在核心舱的后端，主要用于对接'太空快递小哥'天舟货运飞船，同时也是载人飞船的备份对接通道。

"'二哥'在节点舱的最前端，'二哥'最好客，接待来访的'客人'也最多，除了神舟、天舟飞船外，还可以对接其他飞行器。'大哥'和'二哥'都有特殊的补给接口，都可以为空间站补充推进剂，就是可以进行'太空加油'。

"'三哥'是节点舱下面的那个口，就是径向对接口，神舟十三号飞船就是对接在这个口。

"'四弟'和'五弟'实际上是停泊口，在节点舱的两侧，问天实验舱和梦天实验舱将永久停靠在这里。

"神舟十三号准备对接的时候，天舟二号和天舟三号分别连接着'大哥'和'二哥'，所以，神舟十三号飞船只能对接到'三哥'那个接口了，也就是下方的径向对接口。待我们的空间站到了真正运营的时候，前后端的两个对接口肯定是不够用的，所以径向对接是必须掌握的一项技术。"爸爸说。

"从2011年神舟八号和天宫一号的'太空初吻'，到神舟十三号和核心舱的对接，我们实现了从无人到有人、从手控到自动、从几天到 6.5 个小时、从轴向对接到径向对接等一次又一次的技术突破。一次次精彩的'太空之吻'背后，折射了无数航天人建设航天强国的航天情怀。"妈妈感叹道。

掌握了径向交会技术，等到我国建成"T"字形天宫空间站的基本结构后，天和核心舱在这个对称关系中仍然保持着前、后、下三向对接的能力：后向对接货运飞船，前向、径向两个对接口可以接纳两艘载人飞船实现轮换。

航天员在空间站都做些什么工作呢

"小航，甜甜，参观完核心舱，爸爸再考考你们，航天员在空间站都要做哪些工作呢？"走出天和核心舱模型后，一家人找了个空旷的地方坐下来，爸爸便开始提问了。

"首先，他们会利用微重力环境做一些在地面上无法完成的科学实验，比如动植物在太空中的生长发育和变异，观察人体在失重条件

下的变化。空间站上的航天员都会把自己作为研究对象，开展航天医学研究，以发现太空环境对人体的作用与影响，也为今后载人登陆火星做准备。我看过一个报道，美国的一对双胞胎兄弟航天员，一个在国际空间站，一个在地面，进行了一年的对比实验。等到在天上的航天员回到地球之后，最明显的变化是他长高了5厘米。这是因为太空失重导致人体脊柱被拉伸。"甜甜说。

"有这样的好事吗？我也要去太空长长个，我正嫌自己长得太慢呢。"小航说。

"哈哈，我劝你打消这种想法，因为那个航天员回到地球后，没过多久身高就又恢复原样了。"甜甜笑着说。

"医学实验是空间站很重要的实验项目。我国首位女航天员刘洋曾在天宫一号上完成了15项航天医学实验，包括研究飞行对心血管的影响、微重力环境中细胞的调节作用、骨密度丢失的防护、采集并分析舱内有害气体等。"爸爸说。

"很多物质在微重力环境中都有很独特的表现呢。"妈妈对微重力很有表达欲，"我看过航天员做的实验，在空间站里水是飘着的，而不是往低处流，航天员可以用竹篮打水；蜡烛燃烧的时候火苗竟然是球状的。是不是很有趣啊？看得我都想去太空亲自试一试了。"

"利用太空的微重力环境，航天员能研究和合成各种新材料，还会做一些舱外的材料试验，将各种材料长时间地暴露于太空环境中。"小航说。

"在空间站可以做很多奇奇怪怪的实验。比如有些航天员在空间站进行 DNA 测序，有的研究辐射暴露以及微重力对基因的影响，有的研究微重力对视觉神经的影响。"甜甜说。

"除了做实验，航天员其他重要的工作就是检查机舱、维修空间站的各种仪器，还要调试新到的各种设备。

"比如太阳能电池板出现故障后，航天员需要穿着航天服在舱外维修和更换电池板。还记得我们之前讲过的航天员拯救礼炮 7 号的故事吧？那是多么艰难的事情啊。所以，每一个航天员在飞天之前，都要学习医学、解剖学、气象学、天文学、设备检测等多项知识，还要熟悉飞船的结构、工作原理，熟练掌握各种航天器的设备操作和空间实验操作等。"爸爸说。

"爸爸，我还想到一点。航天员可以开展观地、望天活动。航天员在空间站通过天文望远镜进行天文观测，不会受大气层的影响。美

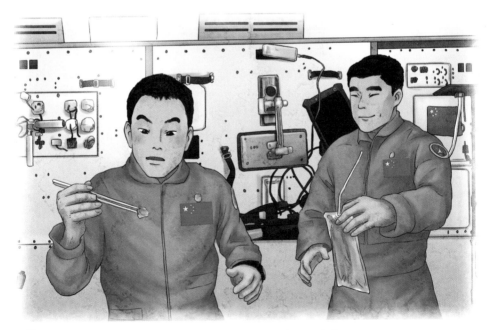

汤洪波用筷子夹起飘在空中的一滴茶水

国天空实验室上的航天员在飞行过程中，用太阳望远镜观测太阳，还用遥感仪器观测地球，拍摄了 4 万多张地面照片呢。我们的空间站也即将拥有巡天望远镜，期待它带给我们更大的惊喜。"甜甜说。

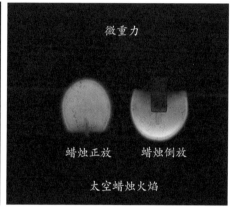

太空燃烧实验

航天员吃什么，喝什么

"航天员在空间站吃什么呀？"手里拿着鸡翅的小航边吃边问。晚饭时间，小航一家人正坐在上海天文馆的快餐店内。

"说起我们空间站的食品，那可是非常丰盛。来看其中一天的菜单吧：早餐——粥、面包、酱萝卜、卤鹌鹑蛋，午餐——什锦炒饭、红烩猪排、太空香粽、尖椒土豆、荬菜牛肉汤，晚餐——米饭、辣味金枪鱼、奶香鸡米、香菇肉末、酱香油麦菜，佐餐——桃汁、香卤鸡胗、巧克力、曲奇饼干、什锦罐头。怎么样，你不用担心我们的航天员吃不饱了吧？"

"哇，听上去比我们在地球上吃得还好呢。"小航说。

"中国空间站为航天员配备了120多种航天食品，荤素搭配，

营养均衡，一个星期不重样。他们还会考虑航天员的饮食喜好，尽量让每个航天员都能吃到自己喜欢的食物。"妈妈说。

"在太空吃饭和在地球上最大的区别就是，太空里的食物都是在地球上做好以后送上去的。在空间站不能开火现做，顶多使用微波炉加热一下食物。另外，因为天地运输成本高昂，飞船的空间有限，寸土寸金，所以太空食品要尽可能地轻、小，不含骨头、皮、核等不能吃的部分。而且，太空食品得尽量不掉渣，像饼干、肉松等就不适合带上太空，要不然这些小颗粒在失重的环境中到处乱飘，可能会损坏空间站的精密仪器。"爸爸说。

"爸爸，我仔细观察过航天员们吃饭，确实是挺复杂、挺讲究的。他们的餐桌都是有磁性的，可以牢牢地吸住餐具，不能被磁铁吸住的容器就会用绳子绑在餐桌上，免得它们任性地飞走。吃饭时，航天员也要把身体固定在椅子上，就像我们坐车需要系安全带一样。

"用餐的时候，为了防止食物残渣和液体飞溅，航天员们吃饭的时候，都要闭着嘴巴咀嚼；水和汤是放在一个带软管的袋子里，喝的时候像小孩子一样吸着喝就可以了。哈哈，我觉得，不管航天员平时

神舟十三号乘组
在天和核心舱用餐

多么豪放、多么不拘小节，在太空吃饭的时候，都得细嚼慢咽、小心翼翼。"甜甜说。

"甜甜观察得很仔细，的确是这样的。航天员在太空吃饭还很讲究动作的协调性。比如：端碗要轻柔，动作太猛，饭会从碗里飘出去；吃饭时张嘴要快，闭嘴也要快，因为即使是已经放入口中的食物，不闭上嘴巴它也会飞走。而且在太空吃饭可不能像我们这样边吃边聊，因为那样会使嘴里嚼碎的食物碎末飞走，在舱里到处飘，很难清除。"妈妈说。

"食不言，寝不语，这习惯倒是很好呢。"小航说。

现在的太空食品和早期的已经不能同日而语了。早期苏联的航天员在太空只能吃从铝管中挤出的流食，就像挤牙膏一样，挤出来的全是糊状食品，如牛肉浆、苹果浆、菜泥和肉菜混合泥等。

到后来，食品的包装和花样才有了比较大的改变。例如，增加了罐头食品，还有水果蛋糕、果冻、桃干、梨干等。

慢慢地，日本的寿司、韩国的泡菜、美国的火鸡、法国的松露鹅肝酱、俄罗斯的冰激凌等特色食品都陆续送上了太空。各个国家的航天员都能吃到自己爱吃的可口饭菜了。

我国的太空食品从 2003 年到现在，也越来越好了。2003 年，杨利伟在太空飞行一天，为他准备的食物大部分是一口就能吞下去的小点心，点心外面还包着可食用的外膜，防止掉渣。

神舟九号航天员的一日三餐就丰富很多了，炒饭、黑椒牛柳、雪菜肉丝、酱萝卜等家常菜在太空都能吃到。在神舟十号的菜单上，太空食品的种类已增加到80多种，不仅有鱼香肉丝、松仁玉米等炒菜，还有月饼、冰激凌、豆沙粽，新鲜水果也第一次上了太空。

"我还记得神舟十二号的航天员汤洪波扎着马步就把一个苹果吃完了，太好玩了。航天员在太空可以吃到新鲜水果，真替他们感到高兴。"小航说。

"不过因为新鲜水果水分多、分量重，也不会送太多。神舟十二号的航天员刘伯明在接受采访时说，他们在空间站舍不得吃新鲜苹果，一直存放在冰箱内，每次打开冰箱，苹果的芳香就充满了整个空间站。"甜甜说。

"水果的问题会解决的。我们航天员还可以在空间站种菜，以前在天宫二号不是已经试验过了吗？如果种一些小番茄，吃起来和水果一样好吃呢。"小航说。

"种菜那是必须的，我们中国人是非常擅长种菜的。在太空种菜可不只是兴趣爱好，而是必须要解决的问题，因为我国已经制定了登陆火星的计划，去火星的路途可是遥远而漫长的，最快也要几个月的时间，一路上无法得到任何补给。所以在太空种菜就是非常好的补充，还能提升航天员的士气。我们可以想象一下，航天员们在脚不着地的飞船中生活好几个月，能看到种植的蔬菜一天天长大成熟，吃上新鲜蔬菜，会给他们带来多大的心灵安慰啊。"妈妈说。

"在太空中种植新鲜蔬菜，可以大大降低从地球补给的开支。从地球上发射火箭送几筐新鲜胡萝卜上去，那可是天价呀，说一根胡萝卜值万金，一点儿也不夸张吧？"甜甜说。

水和氧气从哪里来

　　虽然航天员在太空"出差"吃得还不错，但也有一件事不尽如人意，那就是不能像在地球上一样拥有"淋浴自由"。航天员们在天上不能淋浴，只能用湿毛巾擦身体。洗头也是用免洗洗发液揉搓后擦干净，不需要冲水。看到这儿，不爱洗澡、怕洗头的小朋友是不是很羡慕啊？

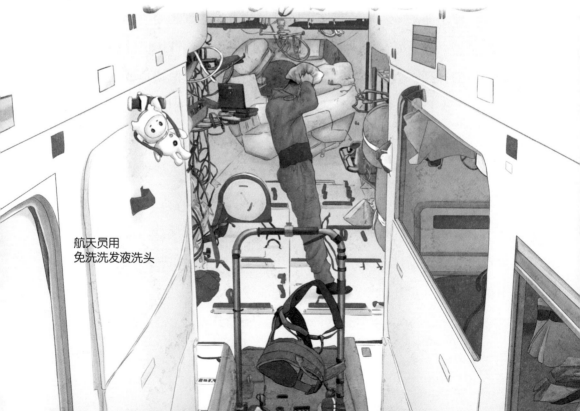

航天员用免洗洗发液洗头

"爸爸，航天员在空间站为什么不能淋浴呢？"小航问。

"首先，在失重环境中的水不是在流动，而是在飘浮，没有一开就能向下流水的水龙头。其次，你知道吧？将任何东西运送到空间站都是极其昂贵的，一瓶水的成本就要数万元人民币。别说淋浴了，光是饮用水，如果单纯地靠货运飞船补给的话，一名航天员一天就可以喝掉几十万元人民币。我们的天宫空间站长期有3名航天员在轨驻留，每人每天要喝3.5升水左右，这样才能预防肾结石，利于身体机能恢复。3个人在空间站待6个月，大约需要喝掉1890升水，接近2吨。受限于火箭的运载能力和货运飞船的载荷能力，带2吨水上太空是不现实的。"爸爸说。

航天员设置再生水处理系统水箱

"那怎么办啊？不洗澡可以，不喝水可不行啊。"小航说。

"不要担心，有办法。航天员刘伯明曾介绍说，神舟十二号执行飞行任务前，天舟二号货运飞船只携带了3个航天员第一周的用水，剩下的就要利用一切可以循环利用的水了。国际空间站和我们的天宫空间站都有一套再生水系统，可以从环境中榨出每一滴液体，包括呼出的水蒸气、汗水和尿液。我们的天宫空间站实现了站内水资源的100%再生，主要依托冷凝水收集、尿处理、水处理三个子系统。"爸爸说。

"爸爸，您讲得太专业了，什么是冷凝水？怎么收集呀？"小航问。

"在空间站的密闭环境中，通过空调系统可以收集航天员每天呼出的水分，还有排出的汗水，这些都属于冷凝水。你可别以为这些水分很少，据研究发现，航天员每天会排出汗液约1.7升，排出尿液约1.6升。冷凝水净化后达到饮用水标准，可以供航天员饮用。"

"那么尿怎么处理呢？不会处理完也喝了吧？"小航惊讶地问。

"航天员的尿可是价值不菲啊。你知道吗？人的尿液里95%都是水，尿处理子系统可以从6升尿液中提取出5升蒸馏水。蒸馏水再进入水处理子系统进行深度净化处理，完全可以达到饮用水标准。"爸爸说。

"然后就给航天员喝了吗？"小航着急地问。

"哈哈，我们中国空间站的尿液处理后并没有进口，而是进了航天员的鼻子，就是航天员呼吸必需的氧气。处理尿液获得的再生水，不会再进入航天员的饮用水中，而是将这些水进行电解，电解后得到氢气和氧气，其中氧气供航天员呼吸使用。不到一升水制取的氧气，就够一名航天员呼吸了。电解水得到的氢气和航天员呼出的二氧化碳也不能浪费，一个二氧化碳分子上可是挂着两个氧原子呢，我们必须把它'扯'下来。航天员会将氢气和二氧化碳一起进行萨巴蒂尔反应，变成甲烷和水，水留下使用，甲烷排到太空。"爸爸说。

"噢，我明白了。以后谁再说我们的航天员喝处理过的尿，我就要好好跟他说道说道了。"小航说。

"现在你知道空间站里氧气和水都是如何循环利用了吧？可以这样说，在空间站，没有一点儿眼泪、汗水、尿液甚至水蒸气被浪费掉。"爸爸说。

"真的太神奇了。有了这些高科技，以后我们航天员去火星就不

航天员运动时流出的汗水和呼出的气体由冷凝水系统收集

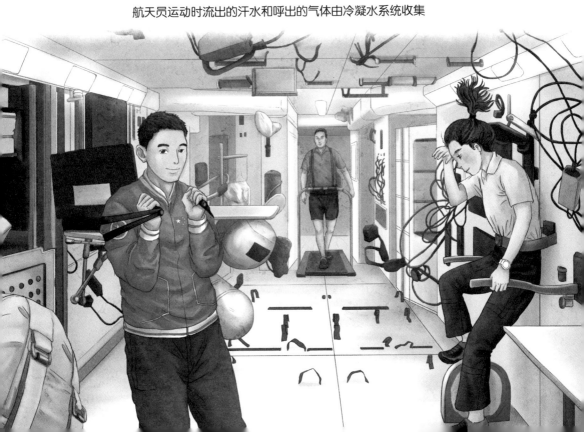

用担心水和氧气的补给问题了。"小航说。

"小航，国际空间站上采用的水处理技术和我们中国空间站不太一样，国际空间站的尿液处理后获得尿液蒸馏水，会和下水道的生活用水、空气中的水蒸气混在一起，统一净化处理，达到饮用水标准，航天员可以直接喝。"爸爸说。

"啊！那就是真的喝尿了。"小航说。

"经过净化处理后的尿液非常纯净，是完全可以喝的。有位美国航天员曾经形象地说过：'在国际空间站上，我今天喝的咖啡就源自昨天喝下去的咖啡。'国际空间站上的俄罗斯人一开始无法接受这种方式，因为以前俄罗斯的和平号空间站，水处理方式和我们中国空间站差不多：从下水道收集的卫生用水在净化回收以后还是用来刷牙洗脸等；从厕所收集的尿液，经过净化以后，电解成氧气；舱内收集的冷凝水，净化处理后给航天员喝。所以俄罗斯航天员对国际空间站的水处理方式一直耿耿于怀，过不了心里这道坎，但后来也只能接受了。"爸爸说。

哎呀，在空间站怎么上厕所呢

　　一家四口晚上刚到宾馆，小航的肚子就有点不舒服。跑了两次厕所出来后，小航的问题就来了："爸爸，你说在太空失重的情况下，航天员的便便会不会飘起来呀？"

　　"嘿嘿，你说的这种现象还真发生过呢。不过不是发生在空间站上，而是美国载人登月时期。有一次，美国阿波罗 10 号乘组中不知是哪名航天员一时大意，一截大便像鱼儿一样飘入舱内，3 名航天员一通追逐。"爸爸哈哈笑着说。

　　"爸爸说的是登月时期的事情了，在更早的载人航天活动中，尿不湿还没有设计出来，有的航天员还尿裤子了呢。人类首名航天员加加林在步入发射舱时突感尿急，还好苏联设计师在航天服内设计了一根管子，他就顺着航天服的管子把尿排在汽车轮子上了。而美国首位进入太空的航天员谢泼德就没有这么幸运了，由于等候发射时间过长，而航天服内连个管子也没设计，他就只能直接尿在航天服里了。"妈妈补充说，"后来，为了解决航天员发射过程中的小便问题，专家设计了尿不湿。"

"哈哈，终于有了第一个尿湿航天服的航天员。"小航说，"爸爸妈妈，听你们这么一讲，航天员在我眼中变得不再神秘了。"

爸爸说："航天员都非常聪明、勇敢，但他们终究不是超人，在太空也需要面对'屎尿屁'的问题。"

"现在太空厕所的工作方式非常像吸尘器，对于航天员来说，如厕时最重要的事情就是对准。所有航天员在地面上都要开展专门的如厕训练。排便时，他们要将屁股紧贴马桶坐垫，完全遮盖住马桶，绝不能留有缝隙，同时要使肛门能瞄准直径为10厘米的中心孔。如果达不到这个标准，大便就不能顺利地被吸走，还可能从马桶缝隙中飘出来。

"美国约翰逊航天中心专门为航天员设计了马桶训练器，他们在

和平号空间站上的太空马桶　　　　神舟飞船上的大小便收集器

马桶里安装小摄像头，航天员可以通过屏幕调整姿势，瞄准那个直径只有 10 厘米的小孔。"爸爸说。

"这么说来，在太空上厕所真是个技术活啊。"甜甜说。

"在太空上厕所不只是技术活，还是件烧钱的事情呢。"妈妈说，"我看过一篇报道，苏联因为在登月竞赛中输给了美国，就一直专注于空间站研发。他们造出的太空马桶也特别精良。2007 年，美国竟然花了 1900 万美元从俄罗斯买了一个太空马桶。"

"这真是天价马桶啊。这么贵的马桶，肯定不会出故障吧？"甜甜问。

"再贵的马桶也是机器啊，也无法保证不会坏掉。2009 年 7 月，

2020 年 10 月初，美国把"通用废物管理系统"的新型太空马桶送往国际空间站，这个太空马桶耗资 2300 万美元，堪称史上最贵马桶

国际空间站美国舱段的马桶就坏了。幸亏当时奋进号航天飞机对接在空间站上，13 名航天员只能排着队使用航天飞机的厕所。但是，航天飞机上的马桶是为短途旅行设计的，经不起频繁使用。为了保护这个珍贵的宝贝，地面指挥中心制定了严格的使用限制：每次使用要间隔 6 分钟；使用 3 次后停用 30 分钟。这给航天员们带来了极大的不便。好在一个月后，下一班航天飞机终于送来了新马桶。"妈妈说。

"我再来讲一个史上最不堪回首的马桶故障事件。那是 1981 年哥伦比亚号航天飞机执行任务期间，马桶堵了。堵塞厕所的排泄物喷涌而出，就像天女散花一样。大块儿的排泄物倒还好处理，追上收起来就好了，但那些小的排泄物随着舱内循环的气流跑到风口滤网上……"爸爸说。

"这也太悲惨了。爸爸，您还是别再描述了。"甜甜求饶道。

"听说在空间站内，航天员放屁也不能随心所欲呢。"小航说。

"是啊，这确实不假。当航天员在空间站驻留时，会被严令禁止随意放屁，实在憋不住了，就得去厕所排放。"爸爸说。

"在空间站放屁究竟会有什么样的危险？"小航问。

"因为屁中含有甲烷气体，封闭的空间里甲烷气体达到一定浓度后，一点点火星就能将其引爆。德国中部小镇一家农场的奶牛牛棚，由于通风不良，牛屁产生的甲烷浓度很高，一次静电反应的火花就引发了爆炸，导致数头奶牛受伤。在空间站这样密闭的环境之中，一旦出现甲烷爆炸的情况，航天员几乎无处可逃。"爸爸说。

"啊，这也太夸张了吧？放屁这事儿说来就来，怎么控制啊？"

小航说。

"要从饮食上控制。因为每一种食物产生的气体总量不一样，像豆类食物会在肠道中产生大量气体，而卷心菜之类的食物就比较少。所以，航天员一般不会吃豆类食物。"爸爸说。

"不吃豆类食物，但还有屁该怎么办呢？"小航问。

"在空间站的厕所里有专门供放屁的装置。一旦航天员想要放屁，那就去厕所呗。"爸爸说。

"哈哈，太好玩了，放个屁还得去厕所。"小航笑着说。

"放屁这件看起来毫不起眼的事情，在太空也是大事情。你们现在知道航天员们在空间站有多不容易了吧？"爸爸说道。

航天员是怎么睡觉的

小航一家在上海度过了愉快的假期。在乘坐卧铺动车回北京的路上，小航和甜甜躺在舒服的卧铺上，又开始讨论起空间站来。

"睡觉这件事，对地球上的我们来说，只要躺在床上，放松下来就可以了，但是对于太空的航天员来说，可没有这么简单了。"甜甜说。

"姐姐，我知道，我看过视频，航天员的睡觉姿势可是花样百出啊，躺着睡、站着睡、坐着睡，甚至倒立着睡都可以。在太空失重条件下，航天员感受不到地球引力，用任何姿势睡觉的感觉都是相同的。我看过电视，在天宫一号和天宫二号上，我们的航天员是在睡袋里站着睡觉的。"小航说。

"在失重环境下，航天员的被子是盖不住的——被子会飘走，所以航天员一般都会钻到睡袋里，并用一根带子将睡袋固定在某个地方，很多人会直接将睡袋挂在舱壁上站着睡，使身体紧贴舱体，产生近似于重力环境下躺在床上的感觉。这样，航天员的睡眠状态更加接近地面，更利于航天员的睡眠。如果不固定的话，航天员在睡觉时说不定就会飘到哪个角落里，把鼻子给碰肿都有可能呢。"甜甜说。

"航天员睡觉时手臂也需要束缚住。因为在失重的环境中，睡眠中的人会有四肢脱离躯干的感觉。曾经有一名航天员睡觉时，忘了绑住胳膊，睡眼蒙眬中看见一个怪物向自己飘过来，可把他吓坏了。后来他仔细一看，原来那个怪物是他自己放在睡袋外面的手臂。"爸爸也加入了讨论。

"我们天宫空间站的航天员可以躺着睡觉了，因为天和核心舱有三张床，看上去和我们现在睡的动车卧铺一样舒适呢。"小航说。

"天宫空间站生活区很宽敞，每个航天员都有自己的卧室，卧室里还有个圆形的小窗口，透过窗户，可以看到蔚蓝色的地球，简直就是无敌球景房啊！"甜甜说。

在近地轨道飞行的空间站绕地球运转一周需要 90 分钟左右，这就意味着航天员一天之内要经历 16 次日出和日落，这种昼夜变化，会使

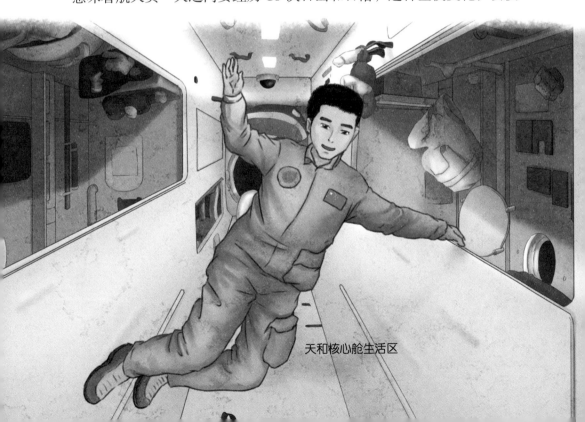

天和核心舱生活区

航天员的生物钟受到干扰，影响睡眠。为了让航天员的生物钟不受影响，设计师在舱内设置了情景照明系统，可以定时将灯光变成黄昏模式或日间模式。还有，小小的遮光眼罩、耳塞也能解决很多问题，能大大提高航天员的睡眠质量。

另外，天宫空间站的航天员们还是按照北京时间工作和休息，每周还有一天休息日呢。晚上，当你睡觉的时候，记得在离我们近400千米的高空，我们空间站的航天员也到了休息时间，跟他们说一声晚安吧。

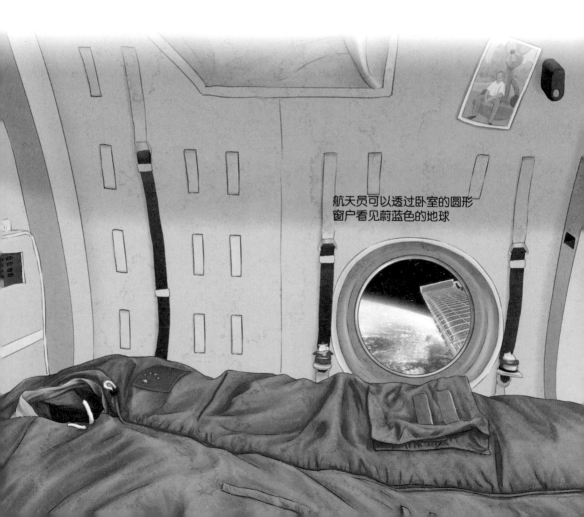

航天员可以透过卧室的圆形窗户看见蔚蓝色的地球

出舱工作啦

"妈妈，我的作业做完了，可以玩会儿游戏吗？"小航问。

"我估计你没有心思玩游戏了。今天可以观看天宫空间站航天员出舱活动的现场直播。太空行走，你不想看吗？"妈妈说。

"太好了，一定要看的。航天员走出空间站，去太空工作，是他们最酷的时候。"小航边说边去书房叫姐姐。

许多小朋友一定以为航天员会一直待在空间站里，因为外太空实在是太危险了。其实，航天员是要走出舱门，漫步太空，在空间站外面工作的。

太空是美丽的，同时也是极其危险的。首先，太空中没有氧气，如果航天员直接暴露在太空中，很快就会失去知觉。由于外太空没有大气层的保护，空间站外的最低温度可达零下129摄氏度，比地球上最冷的地方还要冷；而当阳光直射时，最高温度可达121摄氏度，比开水还烫。另外，太空中有很多微小的颗粒，它们的飞行速度极快，一旦撞上，人类的血肉之躯是无法承受的。所以出舱一定要穿舱外航天服。

　　说起航天员出舱所穿的舱外航天服，大伙儿的第一反应都是航天服太帅了！可是，帅，只是航天服的外表，实际上，它是一个微型载人航天器。穿着舱外航天服，就相当于把一个小小的宇宙飞船穿在了身上。舱外航天服有许多功能：一是让航天员免受太空中的各种有害辐射伤害，二是能为航天员提供适宜生存的氧气、压强和温度等，三是能让航天员顺利开展太空作业。

　　2021年11月7日，神舟十三号航天员翟志刚、王亚平出舱执行任务。他们先穿上舱外航天服，再进行吸氧、排氮等准备工作，然后又在头上安装了一部头盔摄像机。

　　"小航，你知道吗？翟志刚、王亚平出舱穿的航天服叫第二代'飞天'舱外航天服，是我国自主研制的。目前国际上能完全独立掌握舱外航天服设计和研制技术的国家只有中国、美国、俄罗斯3个国家。"妈妈说。

舱外航天服

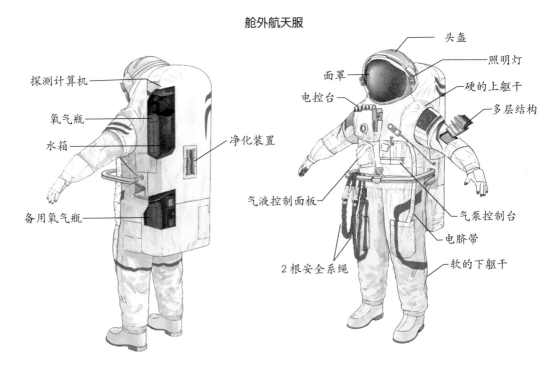

探测计算机
氧气瓶
水箱
备用氧气瓶
净化装置

头盔
照明灯
面罩
电控台
硬的上躯干
多层结构
气液控制面板
气泵控制台
电脐带
2根安全系绳
软的下躯干

"妈妈，舱外航天服跟我在上海天文馆穿的一样吗？"小航天真地问。

"不一样。航天员太空行走穿的舱外航天服，有130千克重呢，价值3000万人民币啊！你在天文馆穿的是200块钱买的，而且很轻，它们只是看上去相似。"妈妈笑着说。

"舱外航天服那么神奇，看来没当上航天员之前我只能过过眼瘾了。舱外航天服为什么这么贵呢？"小航遗憾地问。

舱外航天服主要由头盔、服装、手套和靴子组成，很像一件加厚、特大码的羽绒服。服装通体纯白，躯干像盔甲，四肢像面包。从上到下分别是头盔、上肢、压力手套、躯干、下肢和靴子，背上还有一个1.3米高的大背包。

"舱外航天服是比黄金还贵重的'飞天战袍'，工艺复杂且非常精密。它们都是一针一线手工制作出来的，尺寸误差不能超过1毫米，极其考验研制人员的技术和耐心。制作一套舱外航天服，大约需要4个月的时间。"妈妈解释道。

一切准备工作完成后，翟志刚首先从出舱口探出半个身体。在他出舱后，3名航天员还上演了一段"群口相声"。

翟志刚说："我已出舱，感觉良好！"

王亚平说："我一会儿出舱，感觉良好！"

在舱内负责配合队友开展舱外操作的航天员叶光富说："我下次出舱，感觉良好！"

看到这儿，小航和姐姐都鼓起掌来。

小航从沙发上跳起来，模仿翟志刚的语气说："我已出舱，感觉良好。"

"我也想出舱，感觉良好！"甜甜也学着王亚平的语气说道。

在神舟十三号航天员乘组密切协同下，翟志刚和王亚平经过约6.5小时的出舱活动，圆满完成全部既定任务，安全返回天和核心舱。叶光富迎接翟志刚、王亚平进舱，三人紧紧相拥庆祝出舱成功，场面令人感动！

"姐姐，你看到了吗？在翟志刚叔叔开舱门的瞬间，镜头记录下了他、空间站和太阳的同框，简直是'最牛合影'！还有啊，机械臂托举翟志刚叔叔到达指定位置的画面也太酷了。"看完电视，小航还沉浸在那些精彩画面中。

"小航、甜甜，你们有没有发现翟志刚叔叔后面的太阳和我们在

神舟十三号航天员乘组执行出舱任务

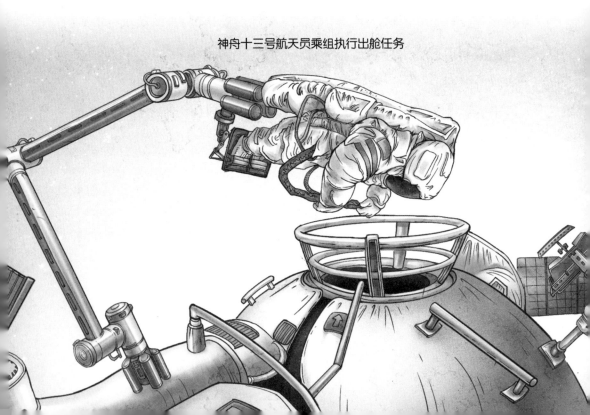

地球看到的不一样？"妈妈问。

"我看到了，太阳看起来完全是白色的！从太空看太阳白亮耀眼，但周围一片黑暗。这究竟是为什么呢？"小航说。

"小航，你不知道这个常识吗？在太空中，由于不存在空气，所以太阳看上去就是白的呀。"甜甜说。

"姐姐，你这个解释等于没解释啊，为什么太空没有空气，太阳就是白的呢？"小航说。

"还是我来详细解释一下吧。"妈妈说，"因为太阳光经过地球大气层的散射，所以我们看到的太阳呈黄色或者红色；而在太空，几乎没有阳光的折射、散射、反射发生，航天员如果对着太阳看，只会看到一个耀眼的白色光球，而其他地方一片黑暗。"妈妈说。

"妈妈解释得太好了。我明白了，谢谢妈妈。"小航说。

"我印象最深的是王亚平阿姨出舱的时候，她的背后是美丽的地球，宇宙黑，地球蓝，好像一部大片啊。"姐姐说。

"王亚平成为中国首位进行出舱活动的女航天员，迈出了中国女性舱外太空行走的第一步。'感觉良好'的背后是无数次的艰苦训练啊。"妈妈说。

信心和底气，来源于异常刻苦的训练。

王亚平曾在一次受访中说，太空环境不会因为女性的到来而改变，也不会因为是女性就降低进入太空的门槛。所以，女航天员的训练要求与标准和男航天员基本一样。在高速旋转的离心机里，她和男航天员一样要承受8G的过载；她穿着200千克的水下训练服，在水下一待就是五六个小时，吃饭时手抖得连筷子都拿不住。但她从来不叫苦，不叫累，在她的字典里，没有"放弃"两个字。

王亚平曾说过："不得不承认，男女确实有差异，比如力量方面，女性不如男性。针对出舱训练，我必须缩小和男航天员的差距。怎么缩小这个差距？就是练。"

在我国，航天员是从优秀的飞行员中经过层层严苛淘汰选拔出来的，可谓是万里挑一。他们要长年累月经受身体、精神的严酷考验，忍常人之不能忍，为常人所不能为。

对于所有航天员来说，天上做的每一个动作，地上都要反复模拟。每一名航天员在进入太空执行出舱活动之前，都要在地面经历一番"魔鬼式训练"。

王亚平水下出舱训练

"百变金刚"机械臂

"爸爸，今天同学们在讨论空间站的机械臂，都说它是神奇的"百变金刚"。它究竟神奇在哪儿呢？"小航在放学回家的路上问爸爸。

"空间站核心舱的机械臂展开长度为 10.2 米，能承载 25 吨的重量，是空间站的'大力士'。"爸爸边走边说。

"这个大力士都能做什么呢？协助航天员出舱？把航天员举起来？"小航问。

机械臂辅助航天员出舱活动

"它的功能可太多了。除了协助航天员出舱活动，在天宫空间站和飞船对接与分离阶段，它还可以协助对接与分离，还要负责舱段转位、舱外货物搬运、舱外状态检查、舱外大型设备维护等任务，是航天员的'好帮手'。这个大力士如同人的手臂一般灵活，它的肩部设置了3个关节，肘部设置了1个关节，腕部设置了3个关节，一共7个关节。这是一种仿生的设计，因为我们人从肩到手就有7个可弯曲自由度。通过各关节的联合运动，机械臂可以借助空间站舱段上分布的多个接口实现爬行功能，从而大大扩展了工作范围。"爸爸作了解答。

"好神奇啊，爸爸，我看实验舱还有个小机械臂，小机械臂有什么用呢？"小航问。

"实验舱机械臂的长度比核心舱机械臂要短很多，只有5米长。可用于实验舱暴露载荷平台照料，也支持航天员的舱外活动，同时它还能与核心舱主机械臂对接形成超大机械臂。"爸爸说。

"爸爸，这么说，我们的天宫空间站就有了一个超长的自拍杆啊。"小航说。

"嘿嘿，你这个比喻也很合适。机械臂的其中一个功能就是通过

天和核心舱机械臂与实验舱机械臂级联组合

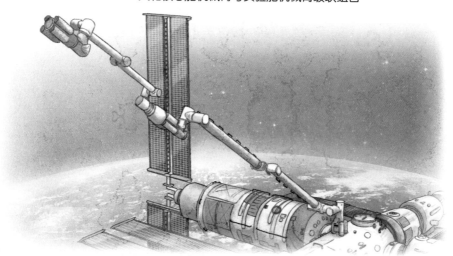

顶端的摄像头观察空间站表面情况。自拍当然没问题。"爸爸笑着说，"另外，机械臂末端抓手不仅能舱体爬行，还能捕获航天器。比如，当不久之后与空间站共轨飞行的巡天望远镜需要进行维护、部件替换等工作时，机械臂便可以将它抓过来，使其与空间站进行对接，以便航天员对其进行检查、维护。当然，机械臂也可以抓取太空中的其他飞行器或者人造卫星。"

"爸爸，舱段转位是什么意思？"小航问。

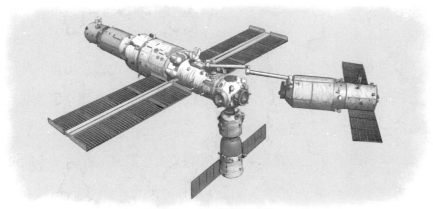

机械臂转位天舟二号货运飞船

"舱段转位用大白话说就是太空搬家。机械臂首次转位货运飞船的实验于 2022 年 1 月 6 日凌晨进行。在转位过程中，机械臂需要爬行到节点舱附近的停泊口，捕获天舟二号的适配器；天舟二号货运飞船与天和核心舱解锁分离后，在机械臂拖动下以核心舱节点舱球心为圆心进行平面转位，此时机械臂的一端连接核心舱，另一端连接天舟二号，很像一根扁担挑着两头大象，对机械臂的负载能力是很大的考验；然后，反向操作，再回来进行交会对接，直至货运飞船与核心舱重新锁紧。那一次机械臂转位货运飞船试验全过程约 47 分钟，取得了圆满成功。"爸爸说。

"爸爸，飞船不是都可以和空间站自动交会对接吗？为什么还需要通过机械臂转位呢？"小航问。

"这个问题问得好！我们都知道，庞大的天宫空间站并不是在地球上组装好一次发射成型的，而是需要通过多次发射，在太空中组装而成。2022 年 1 月 6 日凌晨，机械臂执行天舟二号货运飞船转位试验的时候，两个实验舱还没有发射升空。两个实验舱都很大，都需要先对接到前向对接口。发射实验舱Ⅰ时会先将其对接到前向对接口，等实验舱Ⅱ发射升空的时候，实验舱Ⅰ要把这个位置让出来，所以就需要机械臂帮助转位了。所以啊，舱段转位功能是空间站建造必须要突破的一项技术。"爸爸解释说。

"我明白了，这真的是名副其实的'太空搬家'啊。"小航说。

机械臂是"太空巧手"，它本身实际上是一个智能机器人。最著名的机械臂就是加拿大为国际空间站研制的加拿大臂 2 号。它长

航天员站在国际空间站加拿大机械臂上进行出舱活动

17.6 米，总质量 1.8 吨，最大负荷超过 116 吨，有 7 个自由度，具备舱体表面爬行功能。除了加拿大的机械臂，国际空间站还有俄罗斯、日本和欧空局的机械臂，但它们的尺寸都比加拿大臂 2 号小。

太空机械臂看似灵活，但是它的移动速度实在让人不敢恭维。太空机械臂可不像工厂流水线上的机械手那样忙忙碌碌，它更像乌龟爬行。如果小朋友看过《疯狂动物城》，一定会记得里面有一只树懒"闪电"，它的一举一动像是电影慢动作，慢吞吞的样子惹人捧腹。太空机械臂就很像这只树懒。比如加拿大臂 2 号一般每秒移动 2.5 厘米，当它需要横向去"捕捉"飞船的时候，角速度更慢。

和其他国家的机械臂相比，我国空间站机械臂操控精度、负载自重比和扩展性等指标均属于世界领先水平。空间站机械臂是我国目前智能程度最高、规模与技术难度最大、构造最复杂的空间智能制造系统。值得一提的是，机械臂的全部核心部件都实现了国产化。

加拿大臂 2 号抓取货运龙飞船

危险的太空垃圾

2021 年 11 月 7 日，中国天宫空间站的 3 名航天员翟志刚、王亚平和叶光富进行了首次在轨紧急撤离演习，目的就是模拟天和核心舱遭遇太空碎片撞击、内部出现失压情况后，航天员如何紧急撤离到神舟十三号的返回舱中逃生。

"爸爸，为什么要进行躲避垃圾的演习呢？太空中也有垃圾吗？是谁扔的呢？不会是外星人吧？"小航四连问。

"当然不是外星人了，我们人类寻找了几百年，用了各种各样的方法也没见过一个外星人呢。"甜甜抢答道。

"你们想一想，那些有意或无意爆炸产生的航天器残骸，还有卫星和火箭的部分残骸，都去哪里了呢？"爸爸问。

"爸爸，我知道。它们都变成太空垃圾了。"甜甜说。

"是的。太空垃圾，按专业的说法叫作'轨道碎片'。这些大大小小的垃圾在高 300~450 千米的近地轨道上以每秒 7~8 千米的速度高速运行着。别小看这些零零碎碎的太空垃圾，你们知道吗？即使是像玻璃弹珠那么小的飞行垃圾，撞上同样高速飞行的空间站，杀伤力也会超过一颗子弹。据统计，航天器与大于10厘米见方的太空垃圾碰撞就会被损坏或被击毁。"爸爸说。

"现在在太空中尺寸像拳头大小的垃圾，被地面的望远镜监测着的就有2万多件；而比拳头小一些，但是比弹珠大的垃圾有50万件左右；还有几百万个小到无法探测和跟踪的垃圾碎片。"甜甜说，"小航，你知道吗？一个和你的指甲差不多大的太空垃圾，就有可能击穿空间站舱壁。"

各种太空垃圾围绕地球运行

"啊，这也太危险了吧？我很替咱们的航天员担心啊。"小航特别惊讶。

"是啊，空间站每年都要多次调整轨道躲避垃圾，但是如果飞过来的垃圾特别小，可能就躲不开了。2016 年，有一小块太空垃圾撞到国际空间站的玻璃观察窗上，撞出一个直径约一厘米的凹坑。一位英国航天员把这个凹坑拍下来，传到了社交媒体上，很多看到照片的人都禁不住替国际空间站的航天员担心。幸亏那块玻璃够厚，要不然

太空垃圾撞击航天器设想图

国际空间站就要漏气了。"爸爸说。

"说到太空垃圾，我想到之前看过的一些报道。在2005年，南极上空曾发生过一起太空'交通事故'，'肇事者'就是两块太空垃圾。2009年，一颗美国的通信卫星被一颗俄罗斯报废的卫星撞毁，成为世界上第一起卫星交通事故。还有，2013年5月，厄瓜多尔的一颗卫星在升空后20多天，就与太空中的火箭残骸相撞，导致失灵。"妈妈说。

"啊，这也太可惜了！发射一颗卫星要花好多钱呢，竟然因为撞上太空垃圾报废了。"小航说。

"有些太空垃圾比较大，穿过地球大气层时无法完全烧尽，这无疑给地球上的人们带来了危险。比如之前咱们讲到的失控的天空实验室，在大气层没燃烧殆尽，落到了陆地上，幸亏澳大利亚地广人稀，没砸到人。还有些太空垃圾带有核原料，如果落到地球上，还会导致放射性污染呢！"甜甜说。

"我知道以后人类移民太空后，什么工作工资最高了，一定是清扫太空垃圾的清洁工。"小航突然脑洞大开。

"小航，人类都移民太空了，机器人肯定能做这些简单的清扫工作，你以为像在地球上扫垃圾似的，拿个大扫把啊？那是高速飞行的太空垃圾，只能用更先进的机器来清扫。"甜甜说。

"还有些太空垃圾是人为造成的。1965年，美国第一位进行太空行走的航天员怀特在太空行走时掉了一只备用手套，这只手套飘了20多年才坠入地球大气层。1982年，礼炮7号的一个航天员要进行太空行走,在打开空间站减压舱门时,一些螺栓、垫圈和铅笔瞬间被吸入太空,成了太空垃圾。俄罗斯和平号空间站虽然为人类探索太空做出过许多贡献,但也在运行过程中产生了 200 多包垃圾,当时的航天员还没有太多太空环保意识,很多垃圾被直接丢弃到了茫茫太空。

"2008 年 11 月 18 日,国际空间站一名美国女航天员在太空行走时,工具包一不留神就飘走了。这名航天员表示:'那一瞬间我甚至想跳出去抓住它。不过很快我就意识到如果那样做,就会有两样东西飘走,其中一样是我。因此,我只能眼睁睁看着它慢慢飘走。'"爸爸说。

坠落在澳大利亚西部荒原上的天空实验室碎片

现在，全世界的人都意识到清理太空垃圾迫在眉睫。有一些科学家正在设计一种装有机械臂的清理卫星，抓取大块头的太空垃圾，并将它们扔进大气层中烧毁。希望未来的太空环境会变得更好，我们的航天员更加安全。

航天器伸"手"抓取太空垃圾

航天器使用"撒网捕鱼"法捕获太空垃圾

卫星发射激光清除太空垃圾

天宫课堂

　　2013 年，王亚平在神舟十号上的那次太空授课，在广大青少年的心中埋下了科学的种子。时隔 8 年，2021 年 12 月 9 日，太空授课的教室被搬上了天宫空间站，神舟十三号乘组的王亚平、翟志刚、叶光富在离地面约 400 千米的天宫空间站，为青少年带来了一堂精彩的太空科学课。这是天宫空间站的首次太空授课活动。3 名航天员共展示了太空细胞学研究实验、太空转身、浮力消失实验、水膜张力实验、水球光学实验、泡腾片实验等 6 个太空科学实验。

　　小航和甜甜提前守在电视机前，甜甜兴奋地说道："在空间站向青少年征集太空授课问题期间，我还给王亚平阿姨写信了，在信中，我问了两个问题。不知道她收到了没有。"

　　"姐姐，你问了什么问题呀？"小航问。

　　"一个问题是，刚出生的小动物可以在太空学会走路吗？另一个问题是，我们的空间站还会做哪些动物实验？"甜甜说。

　　15 时 40 分，一个陀螺旋转着出现在电视画面中，王亚平的声音响起："太空探索永无止境，随着不断旋转的陀螺，我们已经从神舟十号任务进入了空间站时代。欢迎来到'天宫课堂'！"王亚平出现在画面中，风趣地介绍身边"感觉良好"乘组的另外 2 名成员——指令长翟志刚和航天员叶光富。

王亚平首先演示了如何使用太空跑步机和太空自行车。

和在地面上相比，太空跑步机增加了重力模拟装置，能有效刺激骨骼重建。王亚平演示跑步机的时候说："为了能够在失重环境下使用太空跑步机，我们需要一个束缚装置来固定自己。同时为了减少跑步对舱体的冲击，我们还专门设计了缓震系统。"

太空自行车也有新的打开方式，王亚平在失重条件下轻松地倒立过来，用双手摇自行车的脚蹬，她告诉大家："自行车不仅能够锻炼我们的下肢，还能锻炼我们的上肢。"

为了展示如何对抗太空失重，叶光富当起了模特。翟志刚告诉大

家，为了预防失重导致航天员的肌肉萎缩，在空间站里，除了有跑台、自行车、拉力器以外，还有一件秘密武器，就是企鹅服。

"哇，原来企鹅服是对抗失重的秘密武器啊。"小航说。

翟志刚打开叶光富企鹅服的胸部、背部、大腿前侧和后侧等部位的拉带，大家看到那些位置都有调节环，可以调节松紧。翟志刚介绍说："通过这些拉带把人体给束缚紧，使肌肉可以长时间保持一定的张力，就可以有效地预防失重导致的肌肉萎缩。"

"小小的服装背后，凝聚的是航天科技专家的奇思妙想啊。"王亚平深情地说。

这次天宫课堂，不仅地面上的孩子们可以看到宽敞明亮的"太空教室"，风趣幽默的"太空老师"，3名航天员也可以通过空间站内的液晶屏幕，看到地面课堂的孩子们，及时进行天地互动。

"在太空能跟在地面一样正常行走吗？"一个地面教室的学生问。

叶光富立刻像在地面走路一样踩了几下，却飘了起来，孩子们发出一阵开心的笑声。

王亚平解释道，在太空没有重力，无法像在地面一样正常行走。

之后，王亚平请叶光富示范太空转身，因为不光在太空走路和在地面不一样，在太空转身也和地面不同。

让同学们大开眼界的是，这个在地面上难度系数为零的转身动作，在太空中却十分困难。只见叶光富飘在空中，尝试悬空转身，上半身向左旋转的时候，下半身就会朝右旋转，上半身向右旋转，下半身就会朝左旋转，上下总是拧巴着的。后来他又试着使用游泳和吹气的方式转身，都没有成功。再后来，叶光富举起右胳膊，在空中画圈，随着圈越画越快，终于转身成功了！而当他将手臂伸开时，旋转速度会变慢，手臂收回到胸前后旋转速度又变得快起来。

"帮助叶老师完成转身的这个动作和角动量有关。"王亚平解释。

"姐姐，什么是角动量？"小航看着电视不解地问。

"角动量是描述物体转动的物理量。在太空微重力的环境中，航天员在不接触空间站物体的情况下，没有外力矩，物体会处于角动量守恒的状态中。在叶叔叔右手不断画圈的时候，会产生一个旋转的角动量，导致身体向反方向旋转。当他的手臂停止画圈后，角动量消失，身体的旋转也会停止。你明白了吗？"甜甜边认真地看电视边说。

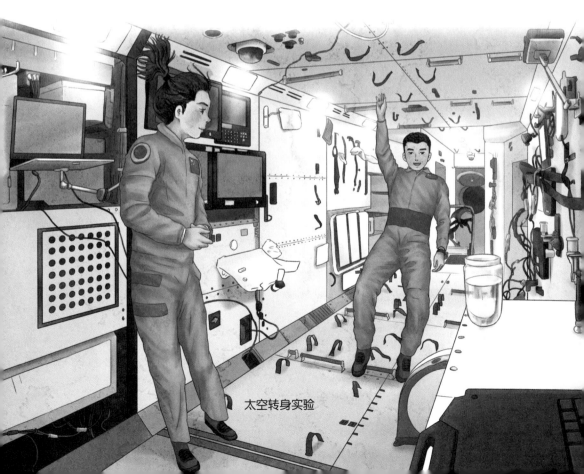

太空转身实验

太空老师王亚平接下来做浮力消失实验。她把乒乓球放在水杯里，球却没有浮上来。

"这是因为失重环境下浮力几乎消失。"甜甜解释说。

"姐姐，这个我知道，一旦重力消失，浮力也就没了。"小航说。

"是的，这项实验所展现的是浮力和重力伴生的现象。我们在地球上是看不到浮力消失的，而在空间站的微重力环境下，浮力和重力之间的伴生关系就能清楚地展现。"甜甜说。

乒乓球实验

水膜张力实验

让姐弟俩印象深刻的还有太空水球光学实验，王亚平往水球中打入一个气泡，因为在太空中没有浮力，小气泡并没有向上飘，而是乖乖地待在水球中。水球上形成一大一小、一正一反的双重人像。

"姐姐，这是为什么呀？为什么小气泡中的人像是正的，外圈大水球的人像却是反着的呢？"小航问。

"被注入气泡的水球变成了两个透镜。外圈大水球就是一个凸透镜，王亚平阿姨站在这个凸透镜的两倍焦距以外，通过水球就能形成一个倒立的、缩小的实像；内圈的小气泡就像两个凹透镜，光线通过它们后就形成了一个正立、缩小的虚像。因此可以在水球中同时看到一正一反的两个像。"甜甜说。

水球中呈现一正一反两个人像

水球光学实验

课程接近尾声的时候，航天员还让地面课堂的同学们自由发问。有的同学问："空间站里氧气与二氧化碳是如何进行循环的？"有的问："在太空中看到的画面是否与地球一样？星星还会眨眼吗？"……3名航天员都一一做了回答。

从太空飞船到空间站，从2013年的太空授课到2021年的天宫课堂，这不仅是太空知识普及，更是中国航天自信和实力的展示。

2022年3月23日，"天宫课堂"再度开课。3名"太空教师"演示了太空"冰雪"实验、液桥演示实验、水油分离实验和太空抛物实验等。

我们都知道，油比水轻，油会飘在水上。就像我们平时喝汤的时候，总能看到油浮在表面一样。而在太空，水油混合后，又会怎样呢？水油分离实验为同学们揭开了答案。王亚平与地面课堂的同学同时摇晃起装有水油液体的小瓶。当静置片刻后，地面课桌上的水油液体很快就在重力作用下分层，油在上面，水在下面。可在太空，王亚平做实验用的水油混合液却一直没有分开。

在空间站里，水和油并没有自然分层　　　在地面上，水和油分成了两层

原来，空间站上水和油 "难舍难分"，长时间保持混合态，这种现象是由于在微重力环境下浮力消失了，密度分层也就消失了。

王亚平问同学们，在太空中，需要怎么做，才能让水油分离？

有同学提出，由于水比油密度大，如果将小瓶子甩起来，水就会沉到瓶底，就能实现水油分离。

于是，叶光富来当助教，只见他抓着系在瓶上的细绳甩动瓶子。数圈后，水油果然分离了，油在上层，水在下层。

通过这个实验，同学们明白了利用水和油的密度不同，使用旋转的方式甩小瓶子，就相当于启动了 "人工离心机"，可以理解为离心作用使得浮力重新出现了，借助离心作用，可以使水和油分离。

这次 "天宫课堂" 还请来了一个神秘嘉宾：北京冬奥会吉祥物冰墩墩！

"如果在地面，我把冰墩墩抛出之后，它会下坠。但是在太空中，

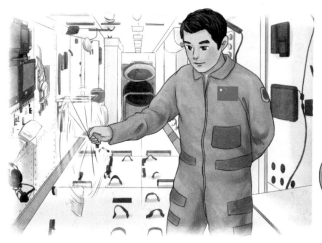

通过甩油瓶分离水和油

水和油在离心力的作用下实现分层

如果我把它抛出，会是什么现象呢？"只见王亚平轻轻一抛，冰墩墩并没有下坠落地，而是沿着抛出的方向匀速前进，飞到叶光富的面前。叶光富接住、轻抛，冰墩墩又匀速回到王亚平手中。

太空抛物实验展示了牛顿第一定律所描述的现象。牛顿第一定律，又叫惯性定律，即任何物体都保持匀速直线运动或静止状态，直到外力迫使它改变运动状态为止。在空间站中，冰墩墩摆件被抛出后几乎不受外力影响，保持近似匀速直线运动。物体运动的理想状态，在太空中被完美演绎了出来。

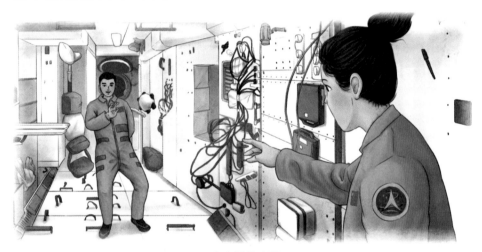

太空抛物实验

在天地互动环节中，王亚平首先回答了一些网友的提问。有一个网友提问："在空间站里流眼泪是怎么样的？"王亚平回答："这个网友的问题非常有趣，其实在空间站里飞行了这么久，我们也经历过许多心情激动，乃至热泪盈眶的时刻，但是这个时候眼泪无法像在地面一样自然地流下来，而是在眼眶中打转，或者是停在眼角。所以，在地面上强忍眼泪、故作坚强也许很难，但是在太空中，我们就很容易做到。"接着，地面上收看直播的同学也问了航天员一些有趣的问题。比如：在太空里看到的月亮和在地球上有什么不同？在空间站里能把水烧开吗？空间站在太空飞行会受到阻力吗？3名航天员都认真地做了解答。

"天宫课堂"作为我国首个太空科普教育品牌，由中国航天员担任"太空教师"，以青少年为主要授课对象，采取天地互动方式开展。让同学们从一次次天地差异的实验中，体验探索的乐趣，增长航天知识。

比国际空间站更"国际"

2022年1月31日是农历除夕夜，这是一个阖家团圆、喜气洋洋的日子。小航和甜甜一起贴春联，爸爸妈妈在厨房准备年夜饭。

夜幕降临，华灯初上，年夜大餐一盘盘端上桌来。红烧鱼、粉蒸肉、口水鸡、清炒四季豆等。"饺子来了。"爸爸又端来一大盘饺子。

"老爸，这菜已经够多的了，您就不用端饺子了吧。"小航说。

"小航，这年夜饭少了饺子可不行。除夕吃饺子是有讲究的。你知道吗？除夕夜23时至正月初一的1时，被称为"交子"，吃饺子取'更岁交子'之意，寓意团圆吉祥、平安美满。饺子寄托了人们对新的一年的希望。"爸爸说。

"爸爸，说到这儿，我想起来了，除夕夜我们都有饺子吃，远在400千米高空的3名航天员有饺子吃吗？"小航说。

"是啊，这是我们中国航天员在太空过的第一个除夕啊！我打开电脑搜索看看吧。"甜甜打开电脑，"快看，3名航天员的年夜饭也准备好了。"

"太好了。姐姐，你投屏到电视上我们一起看。"小航开心地说。

只见神舟十三号乘组翟志刚、王亚平、叶光富3名航天员正围在小桌旁吃饺子。空间站贴上了春联，挂上了福字和中国结，满满的仪式感让空间站年味十足。王亚平吃饺子的方式很有趣，她先让饺子飞一会儿，然后饺子飘着飘着就飘到嘴里了。

"哈哈，太空失重环境下吃饺子真是奇妙又欢乐啊。不知道他们吃的饺子是什么馅的。"小航说。

"太空出差三人组年夜饭有3种饺子：鲅鱼馅、黄花菜馅、猪肉白菜馅。"姐姐读着搜索到的内容。

"这3种馅满足了3名航天员不同的口味，后勤人员考虑得太周到了。翟志刚来自黑龙江，应该爱吃猪肉白菜馅的饺子。王亚平来自山东，她应该最爱吃鲅鱼馅的饺子，鲅鱼饺子是山东的一道传统名菜嘛。而叶光富来自四川，应该爱吃黄花菜馅的饺子。真是寻常之处见功力，细微之处见真章。以后不用为我们航天员的饮食担心了。"妈妈说。

"我们可爱的航天员在太空能吃到家乡味的饺子，高高兴兴地在太空中把这个年过好，是我们所有人都期望的一件事。"爸爸说。

"爸爸妈妈，我之前看过报道，有数名外国航天员来中国进行训练，学习中文，为将来进驻中国空间站做准备。看来不久的将来，我们就能看到中外航天员一起遨游'天宫'，分享不同国家的美食了。"甜甜说。

"是啊。中国空间站首批空间科学实验合作项目就有 17 个国家的项目入选。而且，我们将为这些国家提供免费的上行、下行运输和在轨实验空间，这对各参与国来说是千载难逢的机会啊。

中外航天员一起接受训练

"当然，其他国家的加入对我们空间站的发展也有积极作用。因为参与进来的外国航天员会带来更多的经验和先进的仪器，取得更多的科学研究成果。参与国取得的科学成果也将会共享，这是造福全人类的大好事。

"而国际空间站虽然名曰'国际'，事实上，只有投入了经费或技术的国家才有资格派航天员进驻，而且，他们并不会将获得的科学数据共享。

"中国天宫空间站是一个开放、充满生机的国际太空合作新平台，它将真正成为全人类在外太空'共同的家'， 是对构建人类命运共同体理念的生动践行。"爸爸感慨地说。

2022年1月28日，我国发布了第五部航天白皮书——《2021中国的航天》。未来五年，中国会继续加大国际合作与交流，依托中国空间站，开展空间天文观测、地球科学研究，以及微重力环境下的空间科学实验；推动开展航天员联合选拔培训、联合飞行等更广泛的国际合作。

2019年6月12日，中国载人航天工程办公室与联合国外空司共同组织召开发布会，宣布围绕中国空间站开展空间科学实验的第一批项目入选结果，共有9个项目入选，其中6个为完全入选项目，3个为有条件入选项目。这9个项目涉及来自亚太、欧洲、非洲、南美洲和北美洲的17个国家的23个实体，包括政府性研究机构、私人航天企业和国际性组织。非常突出的特点是，所有项目都是多个机构联合申请和联合实施的项目，反映了来自发展中国家和发达国家的公共和私营实体的科学家们的协作意志。中国充分照顾缺乏技术与资金的发展中国家的需求，为它们提供了进入太空、开展各类应用实验的机会。

在入选项目中有一个名叫"太空肿瘤：来自个体内健康和肿瘤组织的 3D 类器官培养物由于空间条件导致的早期突变特征研究"的项目，它是一个空间生命科学与生物技术实验项目，研究成果将会对当前的癌症病因学产生重大的科学影响，并对预防和治愈癌症提供新的见解，也将回答长期深空探测飞行任务中有关致癌风险和乘组健康的不确定性问题。

国际社会专家对中国空间站的开放合作纷纷点赞。联合国外层空

间事务办公室主任西莫内塔·迪皮波说，中国与联合国外层空间事务办公室合作，为联合国所有会员国提供使用中国空间站的机会，是联合国"全球共享太空"倡议的重要组成部分，是一个"伟大范例"。

"这史无前例，令人激动，将给很多没有机会进入太空的国家提供机会。"英国皇家天文学会前会长、莱斯特大学空间与地球观测研究所所长马丁·巴斯托说，"现在的国际空间站上虽然也有来自很多国家的实验项目，但这些实验机会通常只限于其合作伙伴。"相比起来，中国空间站更加"国际"。

中国空间站向世界开放，展现了中国航天越来越强大的实力，彰显了太空治理中的中国责任与担当，是促进人类和平利用太空的一次生动实践。外太空是属于全人类共同的财富，和平探索利用外太空是世界各国平等享有的权利。中国空间站向世界敞开合作大门，无论国家、组织还是私营实体、学术机构，均可平等参与，这将有效帮助世界各国跨越技术发展鸿沟，让所有国家平等参与到太空的和平开发利用中来。这充分体现出中国以开放包容的心态与世界分享中国航天事业发展的经验和技术，生动诠释了中国航天合作的多边主义理念。

"感觉良好" 乘组回家啦

2022年4月16日，是神舟十三号乘组返回地球的日子。神舟十三号航天员乘组在空间站组合体工作生活了183天，刷新了中国航天员单次飞行任务太空驻留时间的纪录。

航天员返回地球牵动着国人的心。4月16日正好是星期六，小航一家人早早地守在电视机前观看神舟十三号返回地球的直播。

"小航、甜甜，你们说说，神舟十三号乘组在轨期间都做了哪些工作呢？"爸爸问。

"爸爸，我知道。他们完成了2次出舱活动、手控遥操作交会对接、机械臂辅助舱段转位试验，还开展了2次太空授课活动和多项科学实验。"小航说。

"是的。神舟十三号在神舟十二号的基础上完成了20余项在轨科学实验。"甜甜补充道。

"对，你们说得非常好。神舟十三号乘组完成了几项国际领先的生命科学实验。例如，首次观测到失重条件下心肌细胞的钙信号闪烁。"爸爸说，"此外，还完成了国际上首次皮肤干细胞长期失重条件下的悬浮培养实验。这有助于人类更好地认识生命，突破自身。"

"是啊，航天医学不断获得的新收获、新认识，能够更好地支撑航天员探索太空，造福人类。"妈妈说。

此时，电视直播画面中，神舟十三号载人飞船返回舱主降落伞打开了。

"主降落伞打开了！"小航高声喊道。

一家人目不转睛地盯着电视，只见红白相间的主降落伞吊挂着

返回舱徐徐下降。9时56分，返回舱直立落地，堪称完美着陆。

"这种直立落姿可并不多见啊，据我所知，神舟飞船家族从神舟一号到十三号，飞天的13次任务中，只有神舟六号和神舟十三号实现了直立落地。直立落地需要返回舱内的航天员准确把握时机切断降落伞的绳索，哪怕就差一点儿，也会被降落伞拽倒。"爸爸讲解道。

"直立着陆是最理想的着陆状态，这样航天员受到的冲击最小。但是需要营救队员使用专门的出舱辅助设备。直播画面中出现的'滑梯'就是专用于直立着陆的出舱辅助设备。"妈妈指着电视画面中架

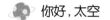

在返回舱上的滑梯说。

此时，一幕有趣的情景出现在画面中，一只闲庭信步的骆驼从镜头前走过。

"哈哈，它见证了返回舱落地的历史性时刻。好希望我是这只幸运的骆驼啊。我也想去现场迎接航天员们回家。"小航说。

"这是内蒙古的东风着陆场，有骆驼出现不奇怪。"甜甜说。

"为什么要选择在东风着陆场呢？"小航问。

"东风着陆场位于内蒙古阿拉善盟额济纳旗，位于戈壁荒漠之中，这里地域辽阔，人烟稀少，草场和耕地很少，目前也没有大规模经济建设规划，平坦的地势也利于直升机快速搜索与降落。"爸爸解释道。

"孩子们，你们听电视中的讲解，说神舟十三号是首次使用快速返回技术的飞船。此次神舟十三号返回只用了9个多小时。而上次神舟十二号返回地球用了28个多小时呢。快速返回技术大大缩短航天员的回家时间，减少了'舟车劳顿'。"妈妈说。

"中国空间站距离地面高度只有400千米左右，返回舱回到地球就是自由落体，几分钟就能回来呀，为什么这么慢？"小航问。

"飞船返回地球远远没有想象中的那么简单。"甜甜说。

"因为飞船需要减速才能降轨，所以返回舱在落地之前要绕地球转好几圈呢。神舟十三号一共绕地球5圈，而神舟十二号则绕了10多圈。此次神舟十三号很重要的一个任务就是缩短绕地球的次数，以验证快速返回地球的技术，即飞船与空间站分离之后，通过优化流程，压缩飞行程序，只需绕地球5圈就能进入返回轨道。"爸爸说。

"神舟十三号返回地球的流程，简单来说就是三步：分离、穿越大气层、着陆。

"0时44分，神舟十三号飞船与天和核心舱分离。我们知道神舟飞船是由轨道舱、返回舱、推进舱三舱构成的，在返回过程中，轨道舱、推进舱将陆续与返回舱分离，最后只有返回舱回到地面。

"所以，飞船绕行地球5圈后，返回舱与轨道舱开始分离，随后经过返回制动、返回舱与推进舱分离、返回舱进入大气层前调整姿态，然后进入大气层。

"穿越大气层后，在一定高度打开降落伞进行减速，然后再经过抛防热大底、剩余推进剂排放、反推发动机工作等过程，最终减速成功，返回舱实现平稳着陆。"爸爸继续补充道。

"原来是这样啊。神舟十三号从外太空穿越大气层、浴火凯旋的过程，真的好刺激啊。"小航说。

"我是神舟十三号，我已安全着陆，返回舱正立，01感觉良好。"

"02感觉良好。"

"03感觉良好。"

这时，电视上传来航天员翟志刚、王亚平和叶光富在返回舱内向大家接力报平安的声音。

"为什么返回舱落地半小时了，航天员还不出舱啊？我都等不及要看看他们了。"小航又抛出一个问题。

"返回舱落地后，航天员在出舱前必须做各项身体检查，以及微生物检查。3名航天员在太空驻留了半年，微重力环境会导致他们的体液逆向转移、心肺功能改变、神经系统紊乱、骨质疏松和肌肉退化等。"爸爸解释道。

"他们刚返回地球，由于骨质疏松，可能无法正常站立，出舱需要抬着呢！"姐姐说。

"快看，翟志刚叔叔真的被抬下来了。"小航说。

翟志刚一出舱门，就笑着向周边人群挥手，还向大家报告"感觉非常良好"。

随后，王亚平和叶光富也陆续出舱了。王亚平在镜头前对女儿说"'摘星星'的妈妈回来了"；完成飞天首秀的叶光富表示自己"实现了飞天梦想"。

　　正当本书付印之际，神舟十四号载人飞船搭载着中国航天员陈冬、刘洋和蔡旭哲奔赴太空。这是中国空间站建造阶段，继2022年5月天舟四号货运飞船成功发射之后的第二次飞行任务，也是该阶段首次载人飞行任务。根据任务安排，我国将于7月发射空间站问天实验舱，10月发射空间站梦天实验舱，空间站的3个舱段将形成"T"字基本构型，完成中国空间站的在轨建造。之后还将实施天舟五号货运飞船和神舟十五号载人飞船发射任务。神舟十五号航天员与神舟十四号航天员"会师"太空，实现飞行乘组的在轨轮换，2个乘组6名航天员将共同在轨驻留5至10天，实现不间断有人驻留。

　　载人航天工程是一项"既高大上，又接地气"的伟大事业，载人航天工程在实现自身发展的同时，又可以带动相关产业升级。中国载人航天工程发展30年来，初步统计有4000余项技术成果被广泛应用于国民经济的各个行业。

　　未来，中国空间站还将开展空间生命科学、空间材料科学、航天医学等一大批科学实验和新技术验证，有望在科学探索和应用研究上取得重大突破。同时，这些技术将会更多地进行成果转化，服务于经济社会发展和国计民生。

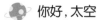

"我有一个航天梦" 征文启事

习近平总书记指出："探索浩瀚宇宙，发展航天事业，建设航天强国，是我们不懈追求的航天梦。" 党的十八大以来，中国在载人航天领域取得令民族自豪、令世界瞩目的非凡成就，彰显了"特别能吃苦、特别能战斗、特别能攻关、特别能奉献"的载人航天精神。国务院新闻办公室发布的《2021 中国的航天》白皮书，首次提出在外空领域推动构建人类命运共同体。探索宇宙奥秘、利用外层空间，是全人类的共同梦想。

现面向全国各地的小读者征文，主题为"我有一个航天梦"，旨在激发小读者崇尚科学、探索未知、敢于创新的热情，坚定航天强国信念，以航天梦助力强国梦、复兴梦。亲爱的小读者，你的心中是不是也有一个航天梦？快将它写下来吧！

本次征文比赛由二十一世纪出版社集团有限公司发起，共设立一等奖 10 名，二等奖 20 名，三等奖 30 名。投稿截至 2022 年 12 月 31 日。我们将为获奖者颁发荣誉证书和奖品，并在二十一世纪出版社集团有限公司旗下的优秀刊物《小星星》上刊载，欢迎大家踊跃投稿！

投稿地址：江西省南昌市西湖区子安路 75 号二十一世纪出版社 316 室
联系人：江老师
联系电话：0791-86523213
投稿请注明：学校、班级、姓名、指导老师（如有）。并请留下你的电话和地址。